六十個人事管理黃金守則

教你向上掌握主管心意、向下凝聚部屬向心力

施耀祖——著

自序

如果企業中做事的員工都是機器人，它們不會自我主張也沒有感情的羈絆，完全按照事先設定的工作內容和方式做事，那麼現在大家熟悉陣容龐大的管理體系，必然可以縮減到幾乎無感的最小規模，而且一切太平。雖然科技的進步一日千里，這樣的場景依然只能呈現在動畫電影中，天馬行空的博君一粲。

雖然如此，卻凸顯了一個不爭的事實，做任何一件事本質上其實都不困難，但是如果加入人的因素，馬上起了天大的變化。不同於機器完全的照章行事，人有自我主張和情緒起伏的特質，這有點像菜餚中的糖、鹽和味精，加入不同的比例，風味丕變。一個人事情處理的恰如其分，平平順順不見漣淌，已稱得上是有相當的好本事；因為現實生活中攪得人仰馬翻，結果卻遠不如預期的人，不分層級倒是處處可見。

哪家企業不想找到有本事的人為其賣命，而且長長久久的待下來，卻常事與願違。僅觀人之表相加上直覺的判斷，終究難脫離嚐試錯誤的魔咒，不能將心比心的對待好不容易請進門的員工，彷如管理者正反手將員工用力的推出企業，怪不得絕大部份的管理者都忙得不可開交。不適任的員工沒盡到幫企業解決困難的責任，反過來製造更多的問題；有本事的員工卻被管理者的不當作為推了出去，員工人數愈多，麻煩反而愈多。

誰不知道徵聘員工得看應徵者的學、經歷，可是卻經常疏於驗證他的特質和能力是否和未來擔任的工作匹配。如果不多也不少，做起事來怎會不如魚得水般的悠然自得？倘若管理者不是只圖管理的便利和追求自身利益的最大化，也能設身處地的兼顧員工的感受，員工怎會不投桃報李、互蒙其利？

知其理未必容易，行之恐亦有難處。書中內文條理剖析、循序而進、自成脈絡，閱之或可助於得理知行，得心應手遊刃而自在。

CONTENTS・目錄

CONTENTS・目錄

C O N T E N T S · 目錄

1 人難搞

找個機會問一問你週遭的人，到目前為止他們認為最難搞的事是什麼？不論得到的答案是多麼的稀奇古怪令人噴飯，或是老生常談的普通，這些難搞的事終究都讓人牢記在心或積怨難消。如果時光能倒流，讓這些被認為是難搞的事重新來過，不論對錯是非都可以完全照著自己的意思來做，那些橫生阻礙讓人心生不滿甚至為之氣結的感覺就不會存在，事情當然也不再被視為難搞。雖然事情完全依個人的自由意志進展而變得順利了，可也沒人敢保證事情的結果必然更好。

個人自由意志的伸展強度和事情是不是難搞之間，似乎有極為強烈的關連。自由意志是否如願的伸展，取決於週遭人想法、做法堅持的強度。他強你弱做法南轅北轍時，你就會覺得事情變得棘手難行，既不順心也不順手。想要順心順手，勢必得花費很大的氣力先搞定那些和你意見、立場相左的那些人，因此而花費的精力遠比做事本身多得多。在人生或職場上翻滾數十載的老手，毫無例外會異口同聲的感嘆：**做人比做事難多了！**換句話說，得先搞定那些持不同立場、想法、做法的人，之後才能成事。那些有辦法搞定人的問題的人，他們的成就比起只會做事的人大得多，全世界各行業的領袖幾乎都具備能言善道、折衝協調、長袖善舞的特質，偶爾看到這些人真正動手做些事時，都會驚訝於他們的笨拙可笑！

在共同生活一段時間後，因為各種不同的原因而離異。分手的原因雖然千奇百種，但終究是二人在共同生活一段時間後，仍然相互搞不定對方，才有分開的結局。二個人已經是人與人相處的最小團體了，因為全世界的合法婚姻都採登記制，我們才會明確的知道世間規模最小的二人團體，在法律強烈保障彼此關係的保護傘之下，依然有一半走上麻煩的法律程序，徹底的解除已經公告的關係，那些沒有婚姻束縛的男女交友，分分合合更是家常便飯。由此而知，不論在什麼領域，只要有人聚集在一起，人本身的差異特性就是團體是否凝聚為一體的根源所在。當人被搞定，這些人做的事情才算搞定。

2 人為什麼不容易被搞定

養過動物的人都有這樣的經驗，若是飼主摸清楚動物的特性也知道牠的喜好，只要順著特性讓牠覺得舒服得到滿足，牠就可能聽從指示做到主人期望的行為。比較聰明靈性高一些的動物，還會刻意的表現的更多一些，期望獲得飼主更多的獎賞。動物裡的那些高人氣表演明星，費勁的翻滾、跳躍，做出高難度的動作博君一粲，不都是觀眾的熱烈掌聲和訓練師不吝給予獎賞的結果嗎？

若以動物行為表現的因果關係來比擬解析人類的某些行為反應，身為靈長類最高智慧的人自然不太服氣。人類的智慧程度遠遠高過所有的動物，情緒反應更加的敏銳細緻、多樣而不易捉摸，人與人之間的相處，理當受到更細心的呵護，可是在現實生活中，卻又處處可以看到某種人對另一種人的態度和行為，遠遠不及他們對待動物那麼的友善和周到。被人當做寵物來飼養的動物，完全不必像動物園內的表演明星，還得定時奮力的表演來取悅飼主，整天無所事事就是牠的生活。相反的寵物的主人卻是全年無休無怨無悔的照顧牠的日常起居一輩子，常讓人不禁懷疑到底飼主是主人還是牠是主人？對比於人的不公平待遇比比皆是，似乎人不如狗的感嘆，其來有自。

人類對低等智慧的動物不解其習性而無計可施也無所需求，倒過頭來反而以照顧牠為樂。付出許多的心力，只要看到寵物的一個可愛表情和可笑的動作就樂不可支。非常諷刺的是對同為人類的表現，卻經常認為理所當然到視而不見的地步甚至不屑一顧，到底是哪裡出了問題？

絕大部份的人對自己搞不清楚的事會以最大的耐心來面對並嚐試著想要知道是怎麼回事，但是對自己已經弄得非常清楚或自認為非常清楚的事，不管對方是知、不知或一知半解，大部份的人的耐心就沒那麼好了。

襁褓中的嬰兒不知如何表達他的情感和感覺，哭泣是唯一的方法。初為人父母的夫婦，只有那麼一點得自於書本片段的育嬰知識，在欠缺實際養兒育女經驗的支撐下，聽到嬰兒的啼聲則足以亂其分寸，沒有一對夫婦不是耐著性子的用盡各種方法，想要知道嬰兒到底為何哭鬧不休。當哭泣的嬰兒破涕而笑的一瞬間，手忙腳亂滿頭大汗的父母方才如釋重負滿心開懷。如果這樣的場景發生在已經就學、略為懂事的小童身上，父母的反應可是大大的不同。哭鬧的小孩換來的大部份是父母親的高聲斥責或一頓痛打，為什麼同樣是自己的小孩，類似的行為會有完全不同的反應？因為這個時候的父母親自認為完全知道小孩的哭鬧是為了甚麼，也認為小孩應該知道父母親的需求標準是什麼。這般的無理取鬧，自然輕易的挑起父母親憤怒的情緒。

我認為你應該知道，我也完全知道你的意圖，這樣的自以為是，正是人為什麼不容易被搞定的元凶。

3 講清楚說明白

家庭成員長時間的生活在一起，照理說彼此之間已經非常瞭解對方的習性和期望，彼此間的齟語和爭執應當不會太多才是，可是各種統計數據都顯示，家庭問題依然是人們生活困擾的主要來源。長時間的相處似乎並不必然讓彼此瞭解的更深入更多，顯然許許多多的人仍然說不清楚、講不明白自己的期望也體會不到對方的感受。夫妻兩人鬧到不可收拾的時候，結束婚姻關係成現今社會的家常便飯；子女不開心則兀自離家或親戚間隨便找個藉口儘可能的減少見面的次數，在在都是。

以感情為基礎的婚姻和家庭關係，在國家法律的保護和社會道德的束縛下，維繫起來是那麼的不容易，對企業來說，經營者和員工之間的僱佣關係更是薄弱的可以。

在日常生活中聊到某某人又換工作了，大夥兒都不會覺得詫異。企業內的員工在職場領域中的來來去去，就好像食客換餐館般的隨意。企業經營者在各個地方錙銖必較，可是那些留不住留不長久的員工白白耗盡了企業的龐大資源，有些企業主卻渾然不覺。能夠進入企業工作的員工，不論他的工作是多麼卑微或層級有多高，免不了都得經過某種程度的篩選，就很像廚師烹飪一道菜之前，必然根據菜餚的品級，仔細的挑選能夠適配的食材。過則費用偏高不敷成本，不及則烹調出來的食物口感不足，很像刻意的告訴客人不要再上門。

說到生意人的快速累積財富，你不得不佩服他們腦筋靈活手腕高明。

在水果產地，四處可以看到當季盛產水果堆積如山的水果攤，任由遊客在大小好壞混雜成堆的水果中翻揀，而且是均一價秤重。這些由在地農戶擺設水果攤所訂的低廉售價，絕對讓路過的遊客眼睛一亮駐足精挑。因為價錢實在便宜，所以大部份的人購買的數量，不再是以個數計算或拘泥於斤兩，動輒以簍計數。至於水果的品質除了部份倚賴經驗外其餘全憑運氣，大部份的水果外殼都有一層覆皮，再有經驗的買家也難保證挑中的個個是佳品。因為售價實在便宜，雖然銷售數量龐大，其實農戶的收益也沒多少。這些老實的鄉間農夫，搞不懂商場上的一些技倆，只期望趕快把已經成熟的水果在腐爛之前賣掉，換回已經投入的成本就心滿意足，能賺多少似乎不是那麼的在意。

回到都市大家又回復在超級市場買新鮮蔬果的習慣模式，相同的水果已經變身躺在精緻的小包裝內，整整齊齊的堆放在冷藏展示櫃內，沒有幾粒的小包裝，零售價格可能和產地一簍的價錢相當。千萬別驚訝，在高檔的超商，同樣的數量售價可能有數倍之差，聰明的商人把農夫從果園採收來的水果，經過機械和人工雙重的篩選，去掉賣相欠佳和尺碼過小的次級品，再按大小和甜度高低分級分裝分別訂價，分送各地的超商上架。客人隨自己的喜好和購買力各取所需，相同的價錢買到不如預期品質的機率大幅下降；有標示甜度的高級水果，保證吃到嘴裡甜在心裡，商人用了一些腦筋和投入一些心力，農夫的微薄收入一轉手成為批發商人金光閃閃的財富，差一點點，結果可是差很多！

水果可以根據它的尺寸大小、甜度高低、外表賣相好壞和客戶的喜好、消費力，分等分級也分別訂價，會這麼做的生意人，顯然對水果的特性和客人的喜好下過苦功瞭然於胸，才能做到那麼的細緻。

如果相同想法和做法的精神沿用在企業的徵才上，我們應該也有理由相信，這些經特別用心找進來的員工，都適才適所的可以達到企業主和員工雙方的期望，能夠長期的留任、安心的把工作做好，企業也賺到財富，這些似乎都是自然的結果。

大部份的人在買一樣商品的時候，免不了會瞧一瞧在包裝盒上所羅列的規格、成份、使用方法和得特別注意的提示，有了概約的瞭解並符合自己需求，價格也不離譜，付了錢東西就到手。

列出物品的規格和說明，比起徵求人才時開出的條件簡單也容易的多，畢竟它只是一個靜態而不會再改變的東西，不像活生生的人可是變化多端不怎麼好捉摸，需要更細緻的陳述才講得明白說得清楚。然而企業在徵才時開出的需求條件，不論是在對外公開或對內的文件上，都極為簡單甚至遠不如廠商對物品規格陳述的那麼清楚，我們怎麼能期待如此簡略的陳述能找到企業所期望的適合員工呢？員工自然也免不了對企業提供的待遇水準產生認知的落差。

4 看似清楚，其實模糊

沒有人會不知道企業找員工是要他來做事的，而且是做某些特定又比較擅長的事。也不會有企業認為能找到萬能的員工，除了漫畫書中的超人，現實生活中誰會笨到自認無所不能？**如果是無所不能，其實也意味著樣樣稀鬆反而一無可取**。有些企業的規模實在很小，就只有企業主一人獨撐全局，如果他要找員工，很難苛求有什麼特別的才能或水準，反正是什麼事都得做一些。對事和對人要求的水準過得去就可以，是這類一人公司僱用員工的特色。

略具規模的企業，企業裡頭例行要做的事情已經非常清楚，要怎麼做和由誰來做，在企業運行相當長的一段時間後，逐漸形成常規而且都有了分工。如果這些企業現在的規模不大，未來也不可能大肆擴張，那麼企業主無可避免的就是這家企業的靈魂人物，所有事務的運作方式和改變完全定於一，意思就是他說了算。這類企業的日常運作模式因此而有極大的彈性，縱使各種作業程序可能都有書面的規定和說明，其實可信度和固定性不是很高，企業主的心意一動，任何行之有年的做事方式或規則可以即刻改變，這些企業主其實是非常沉醉於沒有邊界的權力之中。

這樣的企業在徵人求才的時候，雖然企業指明要的是具有那一方面能力的員工，可也不見得能把做事情的範疇說的一清二楚，因為隨時可因時、因地、因心意變化而改變，看似固定卻又模糊，如此的現象完全反應在現在最常見的企業徵人文案和程序中。

這些企業的規模不大但數目龐大，縱使是大型企業，也都經過相同的過程才成長至現在的規模，大家都習慣的方式，遂成為普遍被運用的模式。**看似費盡心力找進來的員工，就在這些不確定的環境和因素中，滋生不滿意的情緒，伺機脫離卻又同時跳入另一個一樣不確定的陌生環境，成為大多數受僱者的宿命。**

5 企業主似乎也喜歡模糊這一味

在現實的生活中，確定這件事似乎比什麼都重要。

花點積蓄參加旅遊團到各處逛逛或國外旅遊，紓解緊張的工作壓力和緊繃的心情，幾乎已經成為現代人工作之餘最期盼的事。經過數十年的推展和從糾紛中得到的寶貴經驗，現在的旅行社幫客人代辦行程時，都知道得鉅細靡遺的交待所有的行程細節，包括：時間、參觀的景點、食宿、服務的等級、行程特色、小費、注意和準備的事項等等，有些還會附上餐食的菜單及告知特意安排的土產店，當客人完全瞭然於胸時，認知差異所引發的紛爭大幅的下降至幾乎不再引人注目。遊客滿意度的提升，讓旅遊業者在經濟景氣不是很好的時候，仍然保有它的基本客源。

然而政治人物的不確定和變化莫測卻是完全相反的例子。民眾隨時都可以看到政治人物立場的搖搖擺擺和反覆不一致的說詞；那些模稜兩可的用語，讓支持和反對者都可以找到各取所需的解讀，也各自攫取政治利益。民眾並不是看不清楚他們的技倆，在歷次各種的民意調查中，那些歸於政治人物大宗的民意代表，他們被信任的程度，始終是在低段盤旋。

可是這些政治人物的言行模式，卻影響到許多企業主的行為，他們也很喜歡不明說或說不明這一套，員工只得靠揣摩、猜測才能完事。**當企業主保有處理事務的最大彈性和解釋權時，正是員工產生最大不確定感的時候。**而不確定狀態下的大部份情形是：實際的結果不如心中的預期，其間的落差遂轉換成打落牙和血吞的怨懟了。

當精明過人的企業主不明說的時候，其實不只是習慣使然而是另有算計；他們深知力爭上游的員工，都會自動的將工作標準加碼，以求保險並得到刮目相看的對待；而企業主也不愁在雞蛋中挑不出骨頭，輕易的就可以找到一些藉口好降低支付給員工的報酬，不論橫豎對企業主都有利。所以看似清楚卻又模糊的做事方式，常被那些自以為聰明的老闆們奉之如圭臬遵行不逾。等而下之的是為數不少的企業主壓根就說不清楚講不明白，長篇大論看似字字珠璣，其實東拉西扯老生常談，是再簡單不過的技倆。要合於邏輯鉅細靡遺的陳述或交待一件事情卻力有未逮時，慣用的模糊手法成為最好的迷障，可遮掩自己的缺點又顯得莫測高深。

工精於揣摩上意卻失去自我創新求進的動能，顯然都不是經營管理者想要的結果，也不是企業在追求成長茁壯的過程中應為的方式。逐水草而居遊牧方式的收穫，遠不及圈地牧養有計劃的栽植培育，是大家熟知的簡單常識。**如若把人視為用後即丟的短暫商品，不時且大量的更替，和遊牧的作息方式沒有兩樣，結果也不會不同。**

6 只憑印象，事情要說的清楚不容易

企業主試圖把一件事說的清楚完整，尚且可能獲致零零落落的揶揄，資歷遠不及的其他主管想要清晰的描述某一位員工的全部工作，說不清楚的困窘可想而知。大家都很習慣只憑記憶來說一件事，可惜記憶通常是一些片段訊息的組合，漏東漏西本為常態，加上發話和受話者對事情的認知和語彙理解的差異，僅憑記憶的印象所陳述的內容，當作故事或八卦消息隨便聽聽，沒有人會計較它的正確和完整。

可是企業在徵才的時候，主事者所說的任何一句話，應徵者可是字字句句牢記在心。進入企業後，當發現言非屬實、言多誇大，心中的狐疑和不滿，立刻轉化為脫離企業的負向力量，有朝一日各種的負向力量累積到大於正向的內聚力時，離職即成為事實。

事先做足所有的準備，永遠是避免說不清楚、掛一漏萬、事後懊惱的良方，而且還是唯一的防治之道。

現代的企業絕大部份都知道也都已經把企業內每日例行的工作，整理撰寫成標準作業程序的說明文件。雖然許多的企業未必與時俱進即時的更新程序、規定和細節，但是支撐起這個企業正常運作的各種作業之基本架構，其實少有變動，除非企業經歷極大的組織與企業變革。

這些標準作業程序全部是以事情為主體，描述一件事情應當被處理的順序，因此處理事情的當事人，在標準作業程序說明書中通通是配角。某一個標準作業程序中被處理的事務，可能得經歷許多的單位和個人，大家都可能牽涉到一些，聯合起來方能完成一件事。一個人從頭到尾的做完一整個作業程序，完全不牽連到他人，不需要他人協助或不接受監督的工作，在企業中幾乎不存在，因此每一個人的工作都是許多標準作業程中些許工作片斷的組合。

很顯然的應徵者不會在意一件事情從頭至尾是如何做成的，在意的是他得做那些事，該扮演什麼角色，如何扮演好這個角色。主事者如果要把工作者未來該做的事，預先交待清楚不生誤會，花些準備工夫從所有的標準作業程序中，挑出這位工作者相關的工作內容，彙集在一塊羅列成冊再據以說明，如果還會有說不清楚講不明白又產生誤解的情形，任誰也難相信。

7 直屬主管不清楚所屬成員在做什麼，太混了吧！

以人為主體，從所有的標準作業程序的說明書中，將某一個職位的工作內容全部彙集在一起所撰寫的文件，俗稱為是這個職位的工作說明書，也就是說擔任這個職位的人，他得做的所有工作，在說明書裡頭全部記載的一清二楚。如果企業的標準作業程序說明非常的完整，連帶的工作說明書也會清晰。換言之企業可以根據這個職位工作內容所需的能力，找到最適當的人，應徵者在進入企業前藉此也可完全清楚自己的工作內容和擔任的角色，基本的互信在一開始的時候就這麼被建立起來。

但是很多企業各項職位的工作說明書，並不是以這種方式產生。被要求執行工作說明書蒐集整理的人力資源單位，壓根就搞不清楚企業裡頭那些標準作業程序所描述的工作程序和內容，也就沒本事進行整理和分類的工作，於是將工作說明書的空白格式，發給各職位的當事人憑個人印象和認知填寫，是最簡單而快捷的方法。我們很難相信這種類似於問券調查自由表達的陳述，在缺乏共同語彙和工作定義之下，能清晰而完整的呈現他們所有的工作內容，如此所得到的工作說明書最終都是以存檔收場，深鎖櫃中難再見天日，遑論其運用了。

企業內所有的員工都知道，他們的工作是主管分配指派而來，直屬主管擁有絕對的權力要求他做或不做某件事；想當然爾也得有能力適時的給予指導或協助，並清楚所屬人員的工作狀態和負荷。換個形式來說工作說明也可視為是主管指派某人做那一堆事的正式指令，由指派者親自撰寫被指派者的工作內容天經地義。**如果連主管都不能從標準作業程序中，清楚的整理出他所屬成員的工作項目和內容，或者壓根忘了他曾經指派給某人的工作，可能沒有人會認為這位主管夠稱職**。但事實上，很多企業經營管理者也搞不清楚工作說明書的真正意含和用途，只知是例行公事依樣畫葫蘆，因此由在職者隨便填填交差了事的情形所在多有。這些企業在粗糙處理手法下，呈現出員工的超高離職率，一點都不意外。

類似的情形也經常發生在人力資源顧問公司所提供的顧問服務之中。他們沒有本事搞清楚一家公司的經營形態、作業細節和掌握營運的精髓，也不敢動員主管撰寫其所屬的工作說明書，於是只能將該職位在其他公司類似的工作項目和內容，都羅列在一塊兒，提供給員工勾選，以速食的手法快速的得到粗略的結果，卻完全忽視了企業處理人與事的問題時，最應顧及的細微、完整、周到和欲達到之目的，企業賺的辛苦錢就這麼平白無故浪費在沒幫上什麼大忙的顧問身上了。

8 從工作項目和內容推敲出任事者應有的能力條件

有了完整而詳細的工作說明書，任何一位當事者，都可以放心而清楚的告訴應徵者他未來得做的所有工作內容，如果輔以文字閱讀則更昭信任。雇傭間信賴關係建立之基石，始於誠實，商場上免不了得運用的爾虞我詐技倆，如果被延用在員工的身上，很快就被前後不一致的事實所拆穿，不僅一點都不恰當而應極力的避免。

大家都明白，人搞定了事情才能搞定，可是要搞定人或狹義的說只不過是要找到恰當的人，似乎都不是一件容易的事；**如果只憑藉個人的人生經驗和直覺，即欲認可一個人各方面的能力，可以說是全憑運氣，事後的表現和原來期望之間產生落差為意料中事**。大多數的人有樣學樣採類似的方法初步評斷一位陌生者的能力而習以為常。其實如果企業中各職位工作說明書的建置已相當完善，從其中所羅列的全部工作項目和內容，逐一的推敲出做某一項工作應具備的基本能力，再將這些基本能力彙整除去重覆的部份，該職位任事者應具備的基本工作能力條件昭然若揭。這些從辦好一件事的角度所推敲出的能力要求，如任事者都能符合，幾乎可以保證他能把份內的事給做好。當主事者以這些有憑有據推敲而出的能力條件，檢視應徵者的能力時，個人的偏好和直覺自然受到相當幅度的抑制，想當然爾找到對的、適當的人的機率會比較高。

9 事情處理的平平順順，就是有本事

身處在一個團體中，免不了被別人拿來比東比西，比較個長短分出個高下似乎是人類的基本特性，雖然大部份的時候比較的結果讓人沮喪，卻也可能適時的激發人的好勝心。人類社會所以能保持不斷的進步，或許這些惱人的比較行為和爭強好勝的心，還是重要的原動力呢！

在許多對人的比較和評論的項目中，個人能力的高低或好與不好，似乎最容易長久烙印在心中難以抹滅。通常只因最初單一事件的表現，某個人的全部能力就被評論者定了調。它有點像商品的標籤，一旦被他人界定終身掛在身上去除不掉，它也有點像男女間的一見鍾情，說不出所以然或不容易細說原委，反正就是那麼回事。

維持身體的健康需要多方的攝取養份，當我們不會只以單一樣的食物來維持生命時，在一個人擁有的千百種能力中，如果僅以單一事件的表現即論斷某個人的全部能力，顯然並不恰當。事實上，那些被公認為有能力的人，在很多方面所表現的行為可是幼稚到令人發噱呢！

企業經營管理者如果知道大部份的人對能力的判斷存在盲點，自然不宜以這種偏狹的方式來評斷員工的能力。在商者言商，無論如何「利」都是管理者最在意的事，事情只要處理的平平順順，「利」則在其中，因此從企業營運順暢的角度來確認員工是否有能力就有它的意義了。**當員工能將一件事情在一定的期限內，平順的處理到符合要求的標準，這位員工在這件事情的處理上就是有能力**；如果這位員工不能在期限內完成，或做不到要求的標準，或狀況百出攪得大夥兒人仰馬翻，顯然就不符合有能力的標準。

10 把工作需求的標準說清楚

為了要找到適當的有能力的人，工作說明書詳細的羅列所有的工作項目和內容似乎還不夠。如果缺少了做這些事的要求標準，執行者雖然把事情辦完了，極有可能未對企業創造任何正面的貢獻，反而帶來某種程度的危害，這豈是經營管理者聘僱員工所期盼的結果？這樣的情形看來有點荒唐，但事實上卻隨處可見。管理者如果沒有本事或沒能把做事情的標準說清楚，執行者當然不知道自己要怎麼做才能滿足主管的期望和對企業有利，那麼最後的結果焉能滿足雙方的期望？如果這些做事的要求標準，總是在嚐試錯誤後才慢慢的獲得，主管和員工之間因此而種下的心結，不僅不利於彼此關係的維持，企業也付出可觀的代價。

把事情要求的標準說清楚，看似容易可也不簡單。訂定要求標準的人基本上得清楚做這件事的目的、重要性和影響程度為何？如果目的非常清晰，要求標準則容易訂定，倘若沒什麼特別的目的不訂標準也無妨，甚至或許不再做這件事都可以。重要性高的事，全部的人都會給予關注，其實不太會出差錯，它要求的標準或許早已人盡皆知；而影響程度高的事很可能只是一件小事，卻完全不容許出差錯，否則可能造成難以彌補的傷害，那麼要求的標準就不能因為事小而馬虎，得非常的明確。

要求的標準，非常類似於客戶向工廠訂貨時要求的出貨檢驗單，得一條一條清清楚楚的列出產品品質的要求規格，以便主客雙方據以出貨和驗收，其中一定不會出現**模稜兩可言人人殊見解各異**的詞句。**為了避免見解各異的紛擾，使用明確的度量數字**，如：時間長短、數量多寡、尺寸大小、重量輕重、百分比高低等等是最聰明的方式，那些被政治人物大量使用，便於各自解讀各取所需的詞彙，如果出現在某件事情處理的要求標準中，你絕對可以認定寫出這種標準的主管或員工是以打混度日，企業應該不希望有這樣的員工吧！

11

標準別訂得太高，適中比較划算

我們都明瞭商品的品質不會只有一種，總是有高低的差別，而做事的結果也常因人而異，顯現出事情的要求標準也存在許多不同的水準。如果你買任何的東西都要求最高的品質，想當然爾所費不貲，家財萬貫的高官鉅賈不會在乎多花點錢買好的東西，但是對保本求利在險中求勝的企業而言，適當的節省費用方為王道，如果把做事的要求標準拉高，意味著企業得在人力市場上多花點錢才能找到有這種能力的人。因為有能力的人來源稀少，很多企業想搶還碰不到機會呢！**在人力資源市場基本上不存在物美價廉的人力，倒是能做到適中要求標準的人居多，聘僱的價錢相對公道，他的成本績效值高，是大部份的企業最希望聘用的人。**因此企業經常會參考同等級的公司和標竿企業對事情要求的標準，斟酌調整訂出自認為適宜的要求標準。

有些工作的要求標準憑經驗和常識則能輕易的確定，省卻了大費周章的四處搜尋他人做法的麻煩。

員工的工作項目和內容由主管指定，想當然爾工作的標準也該由他的直接主管在斟酌企業的狀態和需要後提出，這些要求標準，都應以對應於工作項目和內容的方式，以量化的數據明確的註記在工作說明書內，成為企業找尋執行這些工作的員工所需能力的基礎。此時的工作說明書不只詳細陳述某一個職位的工作項目和內容，且包含工作的要求標準而堪稱完備。

很多人不太清楚有無能力到底是怎麼一回事，其實**在企業內如果某個人能夠在任內把被指定要做的事，做到符合要求的標準，他就是一位有能力的人，也是勝任職位的人**。很多的企業沒有花充分的心力建立工作的要求標準，主管講不清楚，員工也不知道要做到甚麼程度才能讓主管或企業經營管理者滿意，彼此之間各存猜疑，不斷的檢討會議，穿插著責難和委曲，不滿之心經常滋生，怎能期望建立起主管和員工之間和協的關係呢！

12

認識清楚再結合

社會不斷的進步，觀念和做法昨非而今是者彼彼皆是。以媒妁之言為兩性結合主要觸媒的年代，婚姻生活的美滿有一半幾乎取決於牽線媒婆的那一張三寸不爛之舌，剩下的一半則繫於社會道德規範的強大約束力和夫妻之間相互容忍的深度。

時至今日，男女自由戀愛之風盛行，結與離似乎已成為家常便飯，奉子成婚也不至於讓人大驚小怪。類似的場景在以前的年代根本不可能公然的呈現，有不慎而珠胎暗結者，下場之淒涼總令識者掬一把同情之淚。奉子成婚仿如木已成舟的婚姻模式，男女雙方結婚的時候在心理上大都處於尚未充份準備的狀態，情勢所逼不得不倉促的結為連理，比較容易因此邁入不幸福婚姻之途。

不論是傳統的媒妁之言或現代為數不少的奉子成婚，不完全了解對方是共有的特徵。早年社會嚴格的禮教約束，使形式上的婚姻關係不易變調，而現代社會的自由風氣，可以任憑夫妻在共同生活一段時間後，因深入認知而離異。二者看似相異，其實不論是在實質或形式上只要是不美滿的婚姻，男女雙方都得經歷一段相當痛苦的時光，誰不希望因認識清楚再結合，而不是因為認識清楚而離異。

13 教育程度代表基本能力

聘僱員工以期共同為事業打拼的企業，無不期望受聘者能長久的任職，受聘者同樣也抱持長久待下來的初衷。如果企業對受聘者的能力不是非常的清楚，受聘者對企業的狀態和文化也不太瞭解，兩者如果結合就有點像媒妁之言的傳統婚姻和某些倉促奉子成家的現代婚姻，當木已成舟後雙方才發現彼此均非意中之對象時，兩方同時受害。因此對企業主而言，在聘用前對受僱者能力的確認非常重要，它關係到企業是不是花錯了錢，連帶的失去了賺錢的機會；就受僱者來說，事先對企業狀態和文化的認知和認同，也攸關自己的生計、福祉和未來。

在工作說明書裡羅列的工作項目、內容和工作的要求標準，正是企業可以用來確認任職者能力是否符合需求的基礎。如果主管期望一份三百字文件的文字處理必須在十分鐘內完成，那麼任職者每一分鐘能正確的打三十個字，則是最基本的能力要求標準。當然他得識字，還知道如何操作個人電腦裝置中的文字處理工具，及簡單的編排、存檔、傳遞等方法。這些要求對高中職畢業和更高學歷的年輕人來說，是必備的能力也是輕而易舉的事。學校的制式教育，已經為未來準備在職場一展身手的學生所應具備的某些基本工作能力盡了培育之力。所以企業都知道將這些學校已經教會的基本能力，總括的以應具備什麼樣的教育程度，來代表他已擁有這些條件，再以指定的科系來區分其特殊領域所需的知識和技能。

如果這位主管期望一份三百字文件的文字處理必須在五分鐘內完成，那麼適任者每一分鐘必須正確的打六十個字，意味著企業得在相同學歷的求職者當中找到打字能力很厲害的人，具有這種能力的人比較少，換句話說企業得因此而付出較高的報酬。大家都認為處理事情的速度加快是一件好事，可是多花一些錢找到一位打字速度快一倍的人，對事情處理的結果有什麼幫助？有必要嗎？值不值得？經營管理者免不了得仔細的思量。

拜科技快速發展之賜，原本用途單純的商品，廠商挖空心思的添加許多令消費者心動卻不見得常用的功能，售價因此逐步的抬升，消費者受不了誘惑多花錢買多功能的商品，實際上卻大都只使用基本功能。因多功能而多付出的銀子算是白花了，絕大部份的消費者卻樂此不疲。企業在徵聘員工的時候，如果有權任用員工的主管，延續個人消費時的行為模式，喜歡多花錢找超過工作能力基本要求水準以上的員工，**當多付出的錢並未反應轉化成更多的工作成果時，就會轉嫁墊高企業的成本，企業競爭力的強度則削弱一些。**

那些一心驥望宏圖大展的企業，經常會有類似的行為，這些企業總認為聘僱好的人才是不變的硬道理，見獵欣喜之餘卻也常以高才低就的方式來處置，錢沒有少給，但是卻平白的閒置了剩餘的能力，成為企業經營的另一種浪費而不自知。這些企業的經營管理者，很多時候並不完全清楚需要甚麼樣能力的員工，才恰好匹配工作的要求，於是過多的能力或具有知名學校教育程度者就成為最保險最基本的擇才標準。台灣的知名大學：台、清、交的畢業生所以成為眾多企業擇才的門檻，多少因此而來。

14 年資長不等於能力好

一個人接受了學校的基本教育後，如因此認定他會做事，就好像有些父母認為送兒女到貴族學校繳了高昂的學費，他們的子女就擁有豐富的知識，是一樣的荒謬。

人生中絕大部份的能力是在經歷過後才建立。學校所教授的和書本上所寫的東西只能稱為知識，沒有親身的遭遇和運用，看似頭頭是道的知識不會成為個人的能力。讀萬卷書不如行萬里路，此之謂也。

初次的經歷，對個人來說總是回味無窮，一來是因為初體驗，樣樣都新鮮；再者是不知所措得多方嚐試，也可能吃盡了苦頭而成事；兩相交加記憶自然深刻。如果改日再遇見相同的事，雖說不上駕輕就熟，但至少省掉摸索、嚐試所花費的時間和額外的支出。因此有足夠能力的企業，寧可多付一點薪資聘僱有一些經驗的人，倒不是因為這些企業比較大方，而是這些企業完全瞭解，多付一些薪資換得寶貴的工作經驗，是一本萬利非常划算的交易。那些為數眾多支付薪資能力欠佳的小企業，他們只能招聘沒有經驗或經驗不足的員工，因此而付出遠多於多付出的一點薪資卻隱而不見的培訓費用，反而成為大企業儲備人才的搖籃，實在有點詭異。

國家的義務教育政策，強制全體的國民都得接受固定年限的教育課程，目的是想運用公權力以強制的方式提升國民平均的知識水準。在義務教育期間，大家都看相同的書，上一樣時數的課程，當齊頭式的義務教育結束的時候，同儕間知識水平的差距，縱使有卻也不致太大，這是在有限年數內均一教育模式的優點。義務教育結束後，大家各奔東西，有些人把泰半的知識逐年逐月的還給了老師，剩下的識字能力似乎就是受義務教育的最大收穫了；有些人卻可以在這些知識基礎上繼續深造，持續從往後的工作和人生經歷中，攫取經驗強化自己的能力，甚至可能善加運用和創新而雄霸一方獨領風騷呢！

用心、認真加上一些慧根、機運，結果和境遇可是大大的不同。

同樣是三年的工作經驗，彼此的境遇相異，如果無心、不夠認真、不去領悟又大意，和有強烈企圖心的人相比，在能力程度上可能都會產生明顯的差距。他不像我們所熟知的國民教育模式，長一年級的學生就是比低一年級懂得多一些。這種工作年資的長短和能力程度之間不一定成等比的關係，隨著工作年資的增長，益發的模糊背離。因此徵人文字上常見數年工作經驗的需求，老實說意義不大，主事者可千萬別被長時間的工作年資給唬住了。

評斷一個人是不是具備做某件事情的能力，學歷不足以為恃，經歷年資的長短又不能保證，猜測和想當然爾的認定也很容易背離事實，如果企業不想冒不確定好壞的風險，請應徵者實際試做、比對結果，是比較保險的做法。

學歷、年資和吹噓的功績，很像兩軍隊陣時，用來虛張聲勢左右揮舞引人注目的旗幟，在跨馬上陣舞弄真刀真槍時，都將被棄置一旁，真功夫在動手後即知有無。太多的企業和主管，圖方便求快速或過份的相信直覺和自我的判斷，捨此不為，不覺種下主與僱之間未來不和睦的種子。

15

能力百百種，選對用對才是

有一句話我們都很熟悉也相信，天生我才必有用。不過它應該在這個前提下才能成立：得用對地方，如果用錯了則可能什麼都不是。多少人搞不清楚自己能力之所長和不足，用錯了地方擺錯了位置，終其一生鬱鬱寡歡。

我們都認為一國的領袖應該有雄才大略的胸懷和眼光，可是許多國家在民主制度下選出來的總統，像極了鎂光燈環照下的演藝明星和偶像，選民被精心設計包裝下所呈現的個人魅力所惑，以類似於粉絲的熱情瘋狂投下神聖的一票。在這種氛圍下選出來的國家領袖，怎麼可能具備應有的能力呢？治國的成績當然不可能符合厚望。

國會議員為民喉舌，得理直氣壯大聲的說出民眾的意見，也為他所在的選區和選民爭取權益，因此口才辨給長袖善舞是他們必備的能力。他得鎮日周旋在各種場合和選民們攀關係以爭取選票，在一天二十四小時尚覺不足的情況下，議事和立法實難十足的分身照顧，品質何能周全？因此先進的民主代議制度，都有不分區代議士的設計。這些不分區的國會議員，由政黨推薦進入議會，無需花時間經營選區，因此可以專心的為民立法。這些政黨推薦的國會議員各個學有專精，立法的品質因此得以維護。

一位業務助理只要具備基本的知識和稍加訓練，就知道如何按照標準作業程序處理一份客戶的訂單或合約，但是他沒辦法像銷售人員一般能讓客戶願意下訂單，因為他不知道怎麼樣和客戶建立深厚的友誼，推銷自家產品的優點。一位技術人員擁有熟練的技術，有本事修復故障的產品，但是要他直接面對牢騷滿腹的客戶圓滿的處理客戶的抱怨則力有未逮。

國家領導人的高瞻遠矚和氣度，國會議員的口若懸河、長袖善舞，銷售人員的擅於應對和自我吹捧及處理客戶抱怨人員為雙方著想的耐心，這些個人特質和工作的能力，無法以教育程度所代表的基本知識、技術本事和工作經歷的豐富度來評價，卻更攸關他是否適任某個職位和有良好的表現。

一個人要把他份內該做的事做好，撇開做事所需的基本知識和技術，顯然做每一件事都有他分別應該具備的專屬特質和能力。這些專屬的特質和能力或許只需要一種，也可能同時得有好幾種，仔細的思量，不難找出其中的關鍵特質和能力。綜合這些關鍵特質和能力，**主事者在擇人的時候，手邊有固定的項目可以做為評價的基礎，則不致於過份仰賴說不出道理的自由心證和被個人的偏好所惑，或只因應徵者的某一項特殊氣質而做出不智的決定。**

16 特質是什麼東西？

在電視新聞報導中只要聽到此起彼落不絕於耳的尖叫聲，不用看也知道又有某位明星已經翩然現身。被工作人員和貼身保鏢簇擁著卻經常是寸步難行的主角，個個面容皎好身裁傲人，縱使不是他的瘋狂粉絲，甚至搞不清楚此人是誰，也免不了多看兩眼。美麗的人或物總能吸引人們的目光。功能相同的五官，少數人幸運的經上帝之手組合成人見人愛的俊秀面容，比起絕大部份面貌平常的人，俊男美女在人生起步時順利的多。還好整個人生的好壞並非取決於起步的順利與否，也還好年輕貌美會隨著歲月逐步消逝而無足為恃。

面貌平庸的人沒有外表的吸引力，卻可因為氣宇軒昂出眾而受到眾人由衷的讚賞和注目。他們言談舉止高雅、妝扮合宜、言之有物、行為符節，這些得經過人生的歷練、環境的薰陶和個人領悟方得以培養出來的特殊味道，好像陳年佳釀隨著年歲的增長益發的濃郁香醇，有人稱它為氣質。它不是先天的恩賜，幾乎全得之於後天個人的修為。

先天的好容貌確實讓人羨慕，而後天逐漸蘊育而成的好氣質則讓人由衷的佩服。全世界近七十億的人口，找不到完全相同的二個人，每個人都有他獨特之處。獨特有一部份得自於天生，一部份受到環境潛移默化的影響，還有一部份則取決於自己的選擇和領悟。

這些獨特之處不像容貌一看便知，倒比較像氣質，抽象但感覺得到，隨時以各種型態呈現在日常生活中，我們通常稱它為特質。

在同一個家庭從小一起長大的雙胞胎，相同的容貌加上幾乎一樣的言行舉止，一定有一籮筐互被認錯為對方的趣事，有時連親生父母親都可能在倉促中誤認，外人當然是傻眼了！如果雙胞胎從離開娘胎後就分送兩個家庭各自撫養，在二個截然不同的環境中長大的二人，彼此的言行舉止可能完全沒有交集。商業電影非常喜歡拍類似的題材。一位在皇宮中從小受到百般呵護細心調教的王子，和寄人籬下、混跡街頭、放浪形骸的另外一位孿生兄弟，偶然間相遇，極度的反差造就高潮迭起的劇情，十足的故事性賺人熱淚也幫片商賺進鈔票。

兩位孿生兄弟在完全不同的環境中分別成長，彼此的行為特質迥異，任何人都不會懷疑它的真實性，因為大家明瞭環境對心智成長的影響遠甚於先天，經過長時間的潛移默化方得以形塑而成的個人特質，又有誰能在短時間撼動得了？企業在招募員工的時候，如果對人員的特質沒有明確的要求，聘用了某些特質不足或相異的人，若想藉由教育訓練加以矯正勢屬枉然。

17 企業需要的人得具備那些的特質？

傳統上我們把各行各業稱為百業，對現代人來說，一百這個數字實不足以代表行業的多樣性，似乎也沒人真正的弄清楚現在到底有多少行業，分工的細緻使隔行如隔山這句話愈發的真切。如果有人自稱甚麼都懂也都通，那這個人不是政客就是名嘴，騙人和胡說正是他們最大的本事。

行業別多到難以精確的統計，表示不同行業之間的差異既大又細緻，只要有一些的差異就差很多，要搞懂相對的不容易。每一種行業都有它需要的知識、技術，也有這個行業共通的特質和能力，擁有這些元素才可能在行業裡倖存。企業必須具備的這些元素，散佈在擔任各種職務的員工身上，表現在行為之中。換句話說，所有員工的特質和能力綜合在一起，呈現出除了知識和技術以外企業所特有的風貌。

那些分散在員工身上的能力，以事件的處理為黏著劑，組合成為企業的能力。有些企業的經營管理者花了很多心思找到適合的方法，把分散在各種職務的員工所擁有的能力，以文字或圖像有系統的保留下來，日積月累則成為企業最寶貴的資產。它不再是個人獨有的本事比較不會隨著員工的離異而失去這些好不容易才獲得的經驗。

同樣的在這個行業中的企業所應該具備的特質，散置在企業各種商業行為處理過程和對事的要求之中。企業如果想要把這些散佈在各處，無所不在有點抽象的特質收攏並具體化，好讓員工完全的明白，那麼企業得花些工夫去找去確定並形諸於文字，甚且進一步的詳細闡述，以免因一知半解而誤用或不知所措。

這些應該擁有的特質項目，有一部份不因職務而異，另一部份卻常因職務而變。大概沒有人會認為銷售人員和會計人員所具備的特質項目完全相同或完全不同，你只要看那些成功銷售人員的柔軟身段和鍥而不捨的精神，相較於會計人員錙銖必較的嚴謹態度，則知所言不虛。

每年到了學校畢業生求職旺季，報紙和電視新聞總是會大幅度的報導職場新鮮人的新聞，而且不能免俗的訪問知名企業的人力資源主管，談談他們對求職者的期望。受訪者絕口不提知識和技術的事，因為這些都可經由學校的名氣、學生在校成績和簡單的測試即可得知。剛畢業的學生完全沒有工作經驗，經歷不足為重，而無需給予特別的關注，倒是這些人力資源主管非常在意求職者是不是主動、積極、勤勉、抗壓性是否足夠、能否適應新的環境等等，這些特質項目才是決定是否錄用的主要考量因素。可惜企業界特別關注而且需長時間才能建立的特質項目，學校教育並不能提供足夠而明顯的幫助，大部份得依賴職場新鮮人的自我認知和領悟；或者就職相當長的一段時間後，在跌跌撞撞經歷遍體鱗傷的痛楚後才建立起來。

這些在學校教育缺乏系統性教導，而企業界卻認為非常重要的特質到底是什麼？只要在企業界服務多年的職場老手，大家都能說出幾個來。因為欠缺某些特質或特質的強度不夠，不是自己吃足了苦頭就是別人讓你吃足了苦頭，只要是刻骨銘心的感受，誰都會有些領悟吧！只不過得虛擲一些生命來換得。

如果企業的規模像個樣或功能組織夠完整，目前能在功能單位擔任主管或更高階管理者的一群人，自然是在這家企業待了一段長時間而且經歷競爭才能得到現在的位置。這些人有豐富的職場經歷也各有獨到的體悟，要他們說出所轄領域各個職位最好應具備的特質，易如反掌。**經營管理者只需找出其中極大化的特質項目，該行業這家企業徵聘人才最適切需要的共通的特質已然手到擒來，其結果要比經營管理者個人獨斷的內容更貼近事實的需要。**

那些因職務特性而異的特質項目，援用相同的模式，找曾經擔任過該職位的人和該職位的直屬主管，從他們傾訴的苦水中就可獲得正確的答案。

人多自然嘴雜，事情則易失焦。任何議論如果不設範圍，任由議者天馬行空的發揮，它的結果就會像民主制度下的議會，冗長、缺乏效率、結果又難符預期。講究效率和務實的企業，如果事先未設定明確的範圍，未提供充分的參考資訊，任何多人參與的議題，一樣會陷入類似於民主議會所常見的不知所云、範圍發散、不知伊于胡底的旋渦。

以下這些經常被人論及極為普遍又可依需要擇取的特質項目，提供給那些希望藉由擴大參與對象，一心想要建立明確的人員特質項目的企業，做為議論時的參考範圍。

它們共有十八項：

誠實	獨立
積極、勤勉	率先
責任與使命感	抗壓
忍耐	協助
持續	專注
柔軟	企圖心
自律與反省	環境適應
規律	自我激勵
服從	果斷

18 給每一項特質明確的定義

從古至今，說到「富有」，眾人不加思索馬上連想到財富。在一切往「錢」看的世代，錢財代表一切，它的多寡似乎百分百的決定了價值的輕重，還好有些人並不這麼認為，四處瀰漫的銅臭味才不至於太嗆鼻。

有些人相信施比受更有福，毫不猶豫的把辛苦工作賺來的錢涓滴累積全數捐做公益，幫助窮人家的小孩向學，有朝一日他們能用知識脫貧是他最大的心願。自己以近乎清貧的簡約生活過日，可是內心洋溢著富有和滿足。在書香中享受知識美味淡薄名利的讀書人，心靈的慰藉和豐富的知識是最大的收獲和取之不盡的財富。他們都覺得其中的滋味遠勝於代表財富的金錢數字。

望文生義，同樣的辭彙，不同的人可能有不同的解讀。特質的意含如果任由用者依個人意識各自解讀，結果的南轅北轍可想而知，還可能引起價值認定的混亂。如果企業不想經歷各吹一把號含混不清的過程，就得有人早一些把各類員工所需具備特質項目的各種看法統一起來。通常最後的確認和完整表現的具體內容會落在經營管理者肩上，畢竟其中蘊含了企業長久以來形塑而成的文化和精神，有誰比經營管理者更清楚呢？

一段簡單的文字可以精要的描述一件事，但是如果想要精確無誤的傳遞完整的內涵，少不得詳細闡述的功夫。文言文撰寫的「論語」倘若缺少了後人的註釋，相信有慧根弄懂其中深意的人不多。那些窮畢生之力鑽研的聰明人，無私的以詮釋留下研讀心得，對論語影響力的擴大和延續功不可沒。企業當然不希望這些看似文言文又抽象的特質項目，因為描述的過於精簡而淪為表相的口號。一項缺乏實用機制的詞彙，如果不時的掛在嘴邊，免不了被員工誤認為企業和刻板印象中的公家機構沒什麼兩樣，這豈是經營管理者所期望的結果？雖然很多時候自己正是始作俑者。

具體化這些抽象的詞彙，對企業來說一點都不難。企業成長的過程中有太多的實例可以信手捻來做為詮釋，只消回顧某一個職務的工作內容和艱辛，工作情境一一浮現時案例則歷歷在目，不論是成功的喜悅或失敗的懊惱，都很容易事後諸葛的找到它之所以如此的原因，並回應至某些特質項目的企求和要求的標準。這些**藉由回顧工作內容和處理歷程，所獲得的執行者應具備的特質要求標準，彙集一起則成為最具實用價值的詮釋，用者知其所以而樂於運用，較之表相的泛認知高明的多**。

職務不同，工作內容相異，彼此雖有相同的特質項目，但註釋內容和要求標準會因為工作性質而不同；職務的位階愈高，要求的標準也愈高。實施民主制度的國家，國家領袖的一言一行總是讓社會輿論以放大鏡來檢視，雖然有時過份的好像非常人不能擔任這個角色，民眾卻也認為理所當然。這些不同的標準可以級距來區分，譬如1、2、3或A、B、C等。如果其間的差異訂的很明確，職位較低的員工從不同等級的要求標準所描述的內容，也可約略的體會到擔任高階職務者的不易，並可做為追求晉階時努力提升自我特質能力的參考基準。當員工對自己的未來有明確努力的標的可以追求，如果再輔以公平的升遷制度，對人員的穩定必然產生正面的效果。

19 想個法子了解員工具備的特質

抽象的東西如果能夠具像化，這件事情的本身就已經非常可喜了。全球最知名的連鎖餐飲店麥當勞，把廚師腦海中調理食物恰到好處的火候，全部具體化為作業步驟和參數，因此造就了難以匹敵的餐飲王國。那些在特質項目具體化的過程中，做為詮釋的實務情境和判定的標準，如果一一轉化為試題，給應徵者選擇或陳述，從他們直覺反應的答案中不難查知其特質的程度，如果這些已被具體化的特質項目能像這樣的被運用，因此徵選到適當的新人，豈不更令人欣慰。

許多企業在應徵員工的時候，會讓應徵者在有限時間內填一大堆的問題，想從不加思索的答案中得知求職者的性向。可惜這些題目並非針對某家企業某個職務需具備的特質項目的標準而設計，所得到的結果對企業的幫助有限。因為**適才適所不只是性向的適當與否，受環境衝擊和個人領悟力的高低形塑而成的細微特質，對工作的勝任愉快影響程度更大**。

使用和工作環境相關的事情做為測試特質程度的題目，它的結果令人期待。可惜世間沒有百分百的事，尤其是運用在人的身上，千變萬化的特性，更增添了難度。因此不論採用了多麼科學、多麼合於邏輯的方法，在徵聘人才的時候，面對面的親身會談，始終是不可省略也經常是最終決定所必須採取的程序。從面談者臨場的反應和不自覺的肢體動作所透露的訊息，都可以補試題測試的不足，並驗證測試方法的正確程度。兩者適度的結合運用，雖不全亦不遠矣！

20 負向的特質，帶來麻煩

醫學愈來愈進步，人的平均壽命因此逐漸的延長，尋常人只稍多注意一些個人的健康指標，在意一些養生之道，雖不敢斷言可完全遠離病痛，但活到近乎人的平均壽命的七、八十歲，已非奢求。在這麼長的人生歲月中，如果有比較好的生活品質，著實讓人期待。經濟能力和健康狀態是影響生活品質的兩大因素，以勤奮的的工作換得較好的經濟能力，大多數的人都能如願；但是注重養生卻不一定能免除病痛換得完全的健康，確實讓人有些氣餒。科學家們探究其中的原委發現，遺傳因素是決定人罹患某些疾病的關鍵所在，意思就是如果人的基因有某方面的缺陷，縱使生活規律，頂多可延緩罹病的時間和減輕疾病的程度，卻不能免除。

人的基因得自於父母親的遺傳，雖然個人的強烈意志可以左右自己的未來，但完全無法掌握自己的基因組成，因為你沒有選擇自己父母的機會，全憑上天的安排；或許有朝一日，人可以藉複製技術而量身訂製，屆時世界的運作和狀態恐怕是另外一番景象了！

企業僱用員工有絕對選擇的權力，和天生賦予的基因組合自是不同，但是企業如果不能善用挑選的機會和方法，事先即摒除有負向特質的候選人，他們所具有的負向特質，則仿如基因的缺陷，終究會替企業帶來程度大小不一的麻煩。請神容易送神可是千萬難，它既然可以事先避免，則沒有必要事後再來懊惱。

21

這些特質，讓人討厭

在企業中發生的事，大部份都和人有關係。有些人天生具有強烈的攻擊性，一言不合，很可能飽以拳腳或糾眾鬧事，如果曾經參與幫派組織，處理起來格外棘手；有些人的情緒起伏大特別容易失控，一件看似平常的小事情，卻可能引起大波瀾，殃及一堆無辜的同事；如若自我防衛機制過於敏感，極易觸發紛爭，徒增管理困擾；而過度的自以為是堅持己見的人，欲尋求合作的機會難如登天，耗掉再多溝通的時間，可能一切回歸原點，令人見之生畏；和眼中容不下一點過錯的人共事，戰戰兢兢讓人心神耗弱；相對的過於大而化之事事無所謂，則讓人氣結。

事實上有類似負向特質行為的人，在企業中屢屢可見，揮之不去，縱使有再好的學識、能力，如果帶給企業的困擾遠大於收益，實在沒有必要花錢自找麻煩。有人說，在一個團隊中如果同質性太強，將缺乏創新的動能而阻礙進步，因而刻意的容忍那些特立獨行的人，卻乎略了大部份的負向特質和創新一點關係都沒有，就如同不修邊幅並不就是藝術創作者一樣。畢竟企業絕對是一個講究分工合作的團隊，而非單獨創作的藝術者可以比擬，個人的負向特質倒是具有離散眾人凝聚的作用，自然不宜。

這些負向的特質，隨行業的特性和個別企業形塑而成的文化氛圍而異，各有其不宜之項目，以下列舉之內容或可供參考：

不誠實、情緒不穩、具強烈攻擊性、具明顯黑道色彩、傲慢（自我本位）、過度自我防衛、過度放任、不寬容、過於固執、安逸與守舊

22 能力是什麼東西？

自古無人不愛頭銜。頂的頭銜愈高愈多，明擺著他的能力則愈強成就愈大，當初識者只能以名片上頭銜的高低和多寡來建立第一個印象時，諂媚接待或被刻意的忽視常因頭銜的高低而定，體驗過無端受人奉承、輕飄飄感受的人，實在很難忘懷其中的滋味。

政治人物爭逐權位崇尚虛名，商人和讀書人似乎也脫離不了它的魔咒。你常會被小小名片上印滿的頭銜給震懾，博士的頭銜就在大名之旁，大刺刺的立即進入眼簾，很像訴說著自己的能力有多高本事有多大。

各式的頭銜是個人力爭上游有所斬獲的表徵，博士的頭銜老實說只是未來長期建立能力程度比別人稍微前進一些的起點，他們和是否具備多元能力項目與程度高低之間，並不一定存在直接的關連。很多擁有博士學歷的人，因為缺乏企業所需要的能力條件，找工作時四處碰壁；商場上擁有多家企業經營權的老闆，能力超好不在話下，但是訪問過和他共事的人後，你會驚訝於那些員工私下回應所指出的諸多能力缺陷是真的嗎？

我們慣於包裹式的看待一個人的能力，也慣於將它和成就及頭銜直接的連結在一起。在某一個領域有成就的人，大夥兒必然會認為他各方面的能力都很好，如果他欠缺自知之明又不知自制，對非自己能力所長之事擅加評論又喜妄自指導，一般人懾於其威望不敢點明直說的時候，很多的決策因此偏離實況，輕者損及自己辛苦建立的基業毀了名聲，重者則害及公眾的利益。

許多頭頂諾貝爾獎光環的科學人，對非自己嫻熟領域的事，謙稱能力欠佳不置一詞，益發讓人敬佩他們的謹守分際，卻也看到有些則事事參與好發議論，其言行和好夸夸而談普受鄙視的政治人物很類似，他們都犯了包裹式看待自己能力的毛病。

試著打開能力的包裹，你會發現它蘊含內容的繽紛多樣足以令人眼花撩亂。有些人口若懸河妙語如珠，聽他們講話真是一種享受；有些則長袖善舞樂於和任何人交往，交友滿天下；少數有領袖魅力的人，隨時吸引一大群的粉絲瘋狂的追逐左右；那些思路特別清晰條理分明的人，再複雜的事只要聽完他們剖析，思緒頓然明澈；你絕對想不到讓人拍案叫絕的點子，對擁有創新能力的人來說，新花樣源源不絕樂在其中；某些人對數字過目不忘，有些人能譜出優美的句子寫出絕妙的詩句傳唱流傳千古。看到這麼多不一樣的能力表現，誰還能以一句簡單的能力好和壞來代表全部呢？顯然除了神或超人，沒有一個人可能具備各種的能力。

雖然如此，人們還是希望擁有的能力項目愈多愈好。多一些能力表示機會也多，出人頭地的可能性相對的提高，縱非如此在競爭日益激烈的環境，多一些能力項目至少多一份存活的生機。那些帶著幼童四處參加才藝訓練班的父母親，都有類似的期望和擔憂。企業在找人才的時候，脫不了類似的邏輯，喜歡選用能力項目具備多者，而非能力項目適當者。當多餘的能力項目根本用不著或未被充分的運用時，因此而多給付的報酬老實說就是浪費，連帶的受僱者會認為自己的能力被忽略，未受到企業的重用而萌生去意，這和許多的企業喜歡花大錢買具備各種功能的機械設備，卻只用那些基本普遍的功能，異曲而同工。

就企業的現實面而言，其實員工只要具備能把份內該做的事做到符合要求標準的本事就是有能力。

23 挑選恰如其份的能力項目和標準

確定需要的能力項目和要求標準，和前述確定特質的方法類似，也是從這個職務應做工作處理事情的程序中，一樣一樣的挑出對應的能力需求而獲得。由這個職務的直接主管和曾經擔任過這個職務的人，提出他們的看法所訂出來的標準，最能切中事實的需要。憑空臆測難免偏離事實和缺漏則應避免。事情的處理過程中會碰到的狀況和選用的方法，是測試應徵者能力是否符合企業現況需要最適切的試題，加上主事者親自的面談和受試者實際事例的演練驗證，能力本事一一顯露，得其適者不難。相同的能力項目，不同的層級依然有其不同的要求等級和標準才符合實情。企業如果記得不時的更新這些以文字詳細記載和陳述的能力項目、要求標準和測試題目，而非視之為用後即丟的一時用品，它們將成為這家企業量身訂製徵求適才者的好幫手。

很多的經營管理者或未用心思或不黯方法，以致求才的第一步就有了偏差，後續的補救經常是費盡心力卻難見成效。

24

能力項目有哪些？

偷得浮生半日閒，遠離都市的喧囂，信步走在鄉間小路，寬濶的視野迎面吹拂的涼風，心情頓時輕鬆起來。經常在還沒靠近錯落在田中或路旁的農舍時，此起彼落的狗吠聲已可聽聞。這些散置或三五聚集農舍的主人，總喜歡養幾隻狗幫忙看家，畢竟沒有集群住宅社區警衛的巡邏，警覺性特別高的狗成為維護住家安全最得力的幫手。靈敏的嗅覺和反應，加上對飼主絕對的忠誠，使狗成為人類最好的朋友。牠們並不具備多少的能力，少少的兩、三樣，就可以食宿無缺。在都市公寓中豢養的寵物狗，甚至只要具備可愛的特質，主人已經寵愛到不行。這些狗的際遇還真令人羡慕。

萬物之首的人類可沒那麼簡單也沒那麼幸運，信手列出一般常見的能力項目，你會驚訝於身為人類的一員，可以擁有的本事還真多。如果想出人頭地，您得具備比別人還要多一些的能力項目才有可能。

要弄清楚這些能力項目，似乎有點兒頭疼，如果將那些有類似特性的能力項目聚集在一塊，理解起來就容易得多。我們都知道很少有事情是獨立一個人可以完成的，它必然牽扯到他人因而有了互動，處理人際之間的能力，有時還成為事情是否辦成的關鍵因素。常言道：做人比做事難，突顯了處理「人際之間」所需能力的重要。這些能力項目包括了：**表達**、**說服**、**傾聽**、**溝通**、**協調**、**交涉**、**社交**、**親和**、**解決衝突**等九種能力。

除此之外曉得如何處理事情，當然是受命執行者的基本能力要求，因此許多常見的能力項目都歸在「事務處理」類別裡，它們是：**承擔風險**、**決策**、**組織**、**領導**、**指導**、**授權**、**團隊合作**、**應變**、**解決問題**、**執行**、**學習**、**資訊蒐集**、**情報應用**、**育才**、**創造**、**開創**、**變革**、**遠景塑造**、**守口如瓶**，共十九種能力。

腦筋清晰條理分明的程度，對事情處理的正確和效率，關係之重大人盡皆知，這些能力項目都歸在「邏輯概念」的類別裡有：**統計、分析、歸納、概念思考、規劃、文字化**等六種能力。

讓我們回顧一下「超人」所擁有的全部能力有多少：

人際之間	表達、說服、傾聽、溝通、協調、交涉、社交、親和、解決衝突
事務處理	承擔風險、決策、組織、領導、指導、授權、團隊合作、應變、解決問題、執行、學習、資訊蒐集、情報應用、育才、創造、開創、變革、遠景塑造、守口如瓶
邏輯概念	統計、分析、歸納、概念思考、規劃、文字化

25 準備好才上陣

如果有一個人自稱各種能力都已具備，他不是胡謅就是樣樣稀疏，沒有企業會聘僱一位誇大其詞和一無所長的人。企業中的每一樣職務都有對應於工作所需具備的主要的能力項目，可能只需要三、五樣，也可能六、七項或更多一些。如果能找到具備這些指定能力的人，足以令人欣慰。很多時候卻難從人願，受聘者的能力多少有些不足，還好這些能力項目和人的特質項目不同，接受一定的訓練和教導，不需要太長的時間就可以建立到一定的程度。

能力建立的成效端賴訓練課程、教導方式和個人的學習態度。很多私人企業的第二代之可以接班，並不是因為他們天生聰穎是塊好料，而是父執輩提供了絕佳的訓練機會和近身的指導，加上延續家族企業強烈的使命感所致。他們確實是令上班族稱羨的幸運兒，不過付出的代價是：得背負巨大壓力成為每日勤勉工作的辛苦人。

企業找到學經歷、特質和能力都符合要求的員工，可以馬上上任做事，立見效益，完全符合企業將本求利的宗旨。如果能力尚有不足卻強要他提槍上陣，這些人只能硬著頭皮邊做邊學；工作的本身成為他的學習教材，工作的場域成為學習教室，和他有工作關係的人成為他的陪學員。常言道：從錯誤中學習，因為原本就不清楚、不熟或不會，發生錯誤和重新來過就是常態，但是企業的經營管理者可千萬不能忽略，它是得付出代價的。可能是多付了些薪資、做壞了東西、延誤了時機、使客戶不快、降低了效率或壞了企業的名聲，這些傷害和損失未必直接的以金錢顯現出來，所以大部份的管理者很容易忽略它的影響。

能力和知識類似，都可以透過一定的課程和演練建立，雖然得付出一些費用，但是比起在工作中藉由嚐試錯誤方式的學習成本低得多；這樣的學習模式，因為事先得有周詳的準備，搭配循序漸進的學習程序輔以教師全程的指導，學習的效率比起自己摸索快得多。只不過因此得付出感覺得到的費用，加上耗時耗力的繁複準備，和人員得在一段時間後才能派上用場，許多只求近利的管理者捨此而不為，寧可以層出不窮的問題憂煩為交換，令人難解。

26 針對式的教育訓練不浪費

經營管理誠非易事，得處理的事多如牛毛，不過大部份的人都相信，如果能搞定兩件事：錢和人，事情會變得比較單純而順利。人的能力既然可以透過教育訓練來建立和提升，對經營管理者而言自是求之不得，因此員工的教育訓練，對那些稍具規模的企業來說，是習以為常的例行公事。

只要是例行公事，就少有人會再花功夫去講究。訓練單位開出一門課程，為求最大的利用效益，不管受訓學員是否真的需要，總是儘可能的希望或要求最多的人參加，主管們也持相同的看法。有那一種課程的講授內容，能讓背景和層級天差地別的員工都興趣盎然也全數吸收受益呢？看到一些人閉目養神、乘機休息或藉故忙自己的事把授課老師的聲音視為馬耳東風，一點都不詫異；縱使獲得一些新的能力和知識，如果無關於目前的工作派不上用場，對企業而言並無意義。老實說，企業不應把寶貴的資源，包括金錢和人員的時間與精神，虛擲在無意義的行為上，如果這部份的比例愈低，企業資源的運用則愈有效率。

有些企業每年都會為每一位員工編列一定金額的教育訓練預算，仿如一國政府為了提升公民的平均知識水平，依憲法規定的比例編列教育預算，普及至全體國民。這樣的方式，很容易淪為以消化預算為宗旨卻不計效益的結果。

動物本能的反應，經常可以給人類一些啟示。在動物的世界裡沒有醫生這樣的角色，因此上天賦予動物一些本能以利於求生延續命脈。這些動物發現自己生病時，會吃某種特定的植物來自我醫療，人類至今仍不清楚牠們這類行為的奧祕。對那些弄不清楚來由的能力，只能歸於天賦。

這類的行為反應只有在需要的時候才會被觸發，人類缺乏這類的本能，但是建立了一個類似的機制，當人生病的時候會求助於醫生，醫生則依據不同的病因開不一樣的藥。不過也有不少的民眾，相信商人誇大其詞的藥品廣告，自覺一身都是病痛而吞食了一堆所謂的保健食品，反倒弄壞了身子，只能怪自己愚笨的可以。

類似於有病求醫的行為，一個人在自覺能力不足的時候才需要教育訓練的幫忙，當員工自覺能力足夠的時候，任何施加於身的教育訓練或許都是多餘的，從企業資源的有效利用來說，這樣的看法極為務實。

感覺能力的不足可能源之於：新聘任的員工能力有些缺陷，想要升遷的員工得增加一些新的能力或已有的能力等級得升高才能勝任，或因環境變化企業得引進新的知識、技術、方法和觀念來應對，或者企業轉型，舊員工的要求能力項目和標準通通不一樣了。這些能力的不足，當然不是員工自己說了算，也不應全然是得自於主管主觀的認知，它如果經過一定的評估程序而後認定，緊接的教育訓練才會看到企業想要達到的效果，企業的資源才算用在刀口上。

一個人在感覺不對勁的時候，會到醫院求助於專科醫生。說出自己的感覺是求診者首先要做的事，後續的各種檢查，有助於專科醫生憑藉其經驗確認病症找出病因；難以定奪的時候求助於各科別共同會診，得到的結果更接近事實，也更能取信於求診者。我們都很熟悉這樣的就診醫療程序，有限的醫療資源因此而不致被無端的浪費。

如果企業對員工的能力不足，也採用類似的診斷評估程序，**不足的能力部份採用針對式的教育訓練，則仿如對症下藥，能力的補足和提升自然可以期待**。大部份的人對自己有多少斤兩其實心知肚明，如果管理者對員工能力不足不會有過度的情緒性反應和恥笑，員工就比較願意老實的說出來。它也可能因為個人的主觀認知而有所差異，意思是沒那麼客觀，此時企業對每一種職務訂定的明確能力項目、要求的標準和測試的方法派上用場，輔以直屬主管和相關主管群日常工作接觸的印象，公正客觀的確知能力之差異誠為易事。

對症則易下藥，當能力差異非常明確時，在坊間搜尋對應的訓練課程或由企業自行編製教材和開課，都不是困難的事。市面上針對能力訓練項目所開的訓練課程，多採混合式，也就是單一課程包含了多種能力項目的訓練，可同時適應不同需求的對象，在商而言商無可厚非，但是對單一需求者來說不需要的部份如果愈多就愈浪費。**如果企業需求的時數夠多，量身訂製自己需要的教育訓練課程是比較有效率的方式，表面上看來客製化或許較費事，實質卻比較有利。**錢和時間倘若用在無用之處，縱使花得不多也是虛擲，談管理不就是想法子阻止這些事的發生嗎？

27 用後即丟太浪費

有好久一段時間，大家都很習慣的使用過後即丟的物品，例如：免洗的刀、叉、筷子、杯盤和塑膠提袋等，它免除了用後清理的麻煩，隨手一丟實在方便。這些看起來不起眼也不值幾個錢的物品，當大家都習以為常的使用時，沒想到巨大的數量卻為地球帶來超乎想像的災難。近十數年來保護環境珍惜地球資源的觀念，漸漸的植入世人心中，大家又慢慢回復到三、四十年前東西重覆使用的生活習慣。隨身攜帶自己慣用的碗筷刀叉湯匙，用自備的購物袋重覆盛裝，換個名字稱它為環保。

人類總是在深受其害後才學會自省，還好我們沒有失去這個能力。

企業訓練員工是要花錢的，如果每花一次的錢只能訓練少數的員工，不能再次的運用，這和使用用後即丟的物品一樣，說實在還滿浪費的，而且金額大的多。如果每次教育訓練後都能把教材留下來，甚至把教學的方式一併留下，它就可以被不斷重覆的使用，不需要付出倍數的金錢，即可以用來訓練那些有相同需求的人，屈指一數還挺划算的。

憑印象、文字或影音紀錄，只要抓住受訓者即時整理與企業給予用心整理時間的二個要素，幾乎都可以原汁原味的留下教師嘔心瀝血的教學內容和方式。會賺錢的企業通通懂得個中的道理，投入心血有系統的建立起專屬的教育訓練資料和人才雙庫，何憂員工能力之不足？

28 陪著一同走一段，得師傅真傳

建立一個有系統的教育訓練體制似乎不是一件容易的事，只消看看政府花了數十年所設置的教育體系，依然有無盡改善的空間就知道所言不虛。政府除了有專責單位戮力其事，投入了龐大的經費，還經常被社會各界抱怨，這些受過學校教育出來的畢業生，所具備的知識、技術、能力、特質和實際的需要有相當的差距，得由企業花許多的精力來補足其間的能力間隙。可惜企業的經營管理者知道人才培育的重要，卻不熟稔教育訓練系統的建置，於是從工作中學習似乎成為訓練員工能力最普遍的方式。把能力尚未完備的員工直接丟進工作領域中，就好像有些父母把不會游泳的小孩丟到水裡，企盼求生的意志，可以幫他的孩子在浮沉掙扎中自己找到求生的方法一樣，當然這個孩子得吃很多的苦頭才學得會，如此的學習模式企業得付出算不清楚的連帶損失為代價。

如果這個時候有一位老練的員工在旁邊，隨時給予指點，這些完全不熟悉新工作的員工可以少走很多的冤枉路，也不會有那麼大的挫折感。倘若他能百分百的跟在資深員工的身旁一道做事，一段時間的耳濡目染，天資聰穎有潛力的跟隨者，很可能學會資深員工的全部本事，這也是企業經營管理者訓練自家子女為接班者最喜歡運用的方式。因為他們實在不知道，有誰能把他曾經遭遇到的狀況、思考的因素和邏輯、處理的方法等綜合的能力，寫成教案，帶在身邊走一趟或走幾趟的實境教育，成為最適切的訓練模式。

許多國家的領袖也是以相同的方式訓練而得。精挑細選出來的接班梯隊，以副手之名跟隨現任者相當長的一段時間，藉之熟悉所有的作業內容和方式，如果通過檢驗並符合嚴格的要求標準，幾乎可以達到無縫接班的境地。如麻的國事不容許當政者慢慢的在做中學習，攪亂後再漫長的等待恢復，因為面臨的風險實在太大。可惜實施民主制度的國家，由人民票選出來的領袖，很多都不具備事先磨練好的能力。興高采烈的上任，緊接著都是一段長時間的混亂，人民深受每隔幾年即有一次的痛苦，似乎也很無奈。

採用這種師傅帶徒弟訓練模式的企業，新人在訓練期間如果被同步要求得達到成熟標準的績效表現，必然對被指定為老師的資深員工帶來困擾。因為每一個人的學習曲線都不一樣，有些人學得快，很快就能上手，有些人比較慢熱，需要較長的時間，因此而責怪師之惰並不盡公平。何況教導別人的同時多少會拖累自己的績效表現，既然得不償失，很多的資深員工並不樂意為人師，反而習於藏私，被迫接受卻意興闌珊。如果企業只求其便利而未考慮周詳，要達到有效的傳承求之難得。

29

想個法子讓員工把事情做好一些

有了能力並不表示，能把事情做好。一樣東西、事情或工作，從不知道變得知道從不會變會，可藉由教育訓練達到，但是從知道或學會進一步發展到好，時間的歷練和個人的體悟是主要的影響因素。有些企業喜歡任用有經驗的員工或留任在企業待過一段長時間所謂的老員工，都是著眼於他們會自發的避開可能的問題把事情做得更好一些，而不是像剛受完教育訓練的新進員工做完事情而已。這對企業來說其實很重要，因為**企業比較的不只是會而已，得更好才能強過競爭者，方能避免被邊緣化或淘汰出局的結果**，它倚賴的正是績效優良的員工。

完備一點的標準作業程序說明文件，會清楚的顯示做某件事的要求標準，這個標準不過是做這件事情合格的門檻而已，就好像六十分是一般學校考試及格的共通標準。如果考試只得六十分，似乎並不是一件多麼值得稱頌的事，但是如果分數接近一百的滿分，我們就知道他與眾不同。

大部份的學生希望在校的成績最好是比及格的分數好一些，至少比較不會被同儕當做低分恥笑的對象；在企業服務的員工更是希望有好一些的績效表現，因為好績效代表好收入。不論如何收入始終是讓人一腳邁入漫長職涯的最大誘因，它得靠績效來支撐，其餘均不足為恃。

30 績效和錢連上關係，員工個個變身為老闆

說到績效，懷著一肚子氣的人居多，很少有人覺得它是公平的，總覺得自己的績效被低估了。評估的標準不明確，主管的個人喜好鮮明和仰賴自由心證的比例太高，都容易讓受評者憤憤不平。

如果企業對員工做事的內容沒有訂定明確的要求標準，如果這些標準並沒有隨著員工的成熟度而異，也沒有根據企業當前的迫切需要有輕重之分，於是抽象、虛幻、不切實際的評估項目，將躍升為績效評估的主要內容，主管的個人偏好和自由心證遂成為績效評比的主宰因素，其結果如何讓受評者信服？

沒有人不知道企業聘僱員工是用來做事的，而且應該是做那些可以幫助企業賺錢的事，如果一位員工所做的事和企業能否因此賺錢之間的關係程度愈高，對企業來講就愈有價值。可惜很多企業的管理階層沒弄清楚之間的道理，一大堆交辦的事情和要求，不論直接或間接其實都和企業的獲利無關，絕大部份取決於自己的習性與喜好。這些缺乏考量企業利基、說服力薄弱的舉措，徒增自己的麻煩和員工的不快。

那些和企業賺錢連得上關係的事，才是管理者要用心也是做事情的員工得在意的。這些事不能只以類似於及格的六十分為標準，它得更高一些，得達到和設定的競爭企業一拼高下而且勝出的程度才算做有績效。這些績效項目也不是一成不變，隨著時間的推移，環境起了變化，企業要關心的事情不一樣的時候，績效的標準或許得提高，新的績效評比項目可能跳出來，某些舊的項目隱沒。有點像競技場上相互拼鬥的選手，不能只靠一招半式走天下，當招式用老時，破綻即現，需隨機而變，隨勢而移。

這些被挑選出來的績效評比項目和要求達到的目標，和企業是否賺錢、是否成長、是否存活攸關，非常的重要，因此被稱為**關鍵績效指標**。

其他的可以成串列出的績效項目，既然無關宏旨，只要表現不低於基本的及格標準，根本無需主管或當事的執行者分心去檢討。人生苦短，精力有限，專注之下都不一定有所突破，何況四處分心，必然徒勞而無功。

當員工知道自己做的某些事情，對企業的獲利和成長也能盡上一份心力時，那種成就的感覺和心中的踏實，一點都不輸給掌握大權手操企業生死命脈的經營管理者的感受，這才是企業為每一個職務設定關鍵績效指標真正想要達到的境地：**提供誘因，促使員工自發性的做好事情**。這裡所說的誘因有兩樣，一是讓擔任該職務的員工覺得雖然職位卑微但做的工作很重要，另一樣是如果做得好，收入會增加，生活的品質可以改善。

倘若企業的經營管理者不能明確的點出企業目前和未來的一段時間內，必須關注的事和詳細說明它的重要性與影響，或讓人覺得事事都重要，以致不知重點何在，員工就找不到和企業冀望的重要事項的連結工作，那麼關鍵績效指標不是出不來，就是所有的一般指標都變身為關鍵績效指標，其結果和沒訂定一樣，哪裡還談得上工作重不重要。

如果所有的關鍵績效指標和企業的獲利都能連結，管理者當然知道這些指標紛紛達到時企業可以獲利，而且還清楚獲利多少。夠聰明的企業主會挪出一大筆錢來犒賞員工，謝謝他們的努力，兼而討好攏絡以求繼續賣力。更聰明一點的企業主會把事後實質的金錢獎勵向前推移成為員工努力的標的。當那些關鍵績效指標硬梆梆的數字變身為金錢數字時，俗話說得好：見錢眼開，它挑動心弦的力量，毫無疑慮隨時可以拿來上緊發條，讓員工變得自動自發。企業主最熟悉個中的奧祕，想到可以賺大錢他全年無休而無怨尤，相同的道理，為什麼不能依樣畫葫蘆用在員工身上呢？關鍵績效指標如果沒連上獲利，企業主自然躊躇而不敢預做承諾，更談不上事先分配妥適。至於告訴員工將在達標後儘量爭取獎金的經營管理者，員工都明白這是呼嚨的話，註定沒人會信其所言。

31

分多少沒關係，在乎的是公平

沒錢，咬緊牙關過苦日子大家相安無事；有錢卻反而容易起爭執，這都是分配惹的禍。自古即有名言：不患寡而患不均，當功勞不能秤斤秤兩精確評量的時候，分配的結果永遠有人不滿意，亂因此而生。

企業內的分配比較起來算是單純，因為企業的諸多行為都可以用金錢衡量其輕重和影響。做一件事情快一分鐘可以算出省一分鐘的花費；少掉或多一個客戶也可以估算其損失與收益；建廠速度快一個月很容易計算出因此獲得效益的金額；早一些推出創新的商品有辦法精確的統計它增加的收益；走掉一位員工一樣可知其重置的花費。

雖然大家做的事都不一樣，但是如果每一個職務的關鍵績效指標和企業的獲利都有連結關係，只消算出達到關鍵績效指標設定目標所增加的獲利或減少的損失，從金錢的數目，就知某個職務某件工作進步一些佔總增加收益貢獻度的大小。相同的道理，要在增加的獲利中區分功能部門的貢獻度唾手可得。

這些可以算得出來的貢獻度，正是公平分配的基礎，多者多分配一些，少者少分配一些，誰都沒話說；如果再加上計算與決策的透明度，縱使分配者做些權宜的調整，也不會引發爭議。

去除私心，有憑有據，排除個人的自由心證，避開黑箱作業，公平的分配其實不難做到。若企業主開誠布公願意和員工共享收成，有朝一日期望員工於企業遭逢困頓時共體時艱，應非難事。

32 升官可以預做準備

就像沒有人會嫌錢太多，同樣的也沒有人會覺得自己的職務太高。初進入職場的新鮮人，誰不羡慕主管的職位，辦公桌大一些，自由的空間多一點，還可以指揮別人做事，偶爾耍點小威風指責部屬的錯誤，也不乏諂媚的人說好聽的話，回到家裡妻子會給多一點的尊重，親朋好友也比較瞧得起，有為者亦若是，所有的努力無不在冀求封官晉爵，收入的同步增加不在話下。

任職的時間和工作的表現是職位晉升的二大基本條件，大部份的人都這麼認為，但不見得正確。一點都不錯，時間可以累積經驗，連帶的提升能力程度，好的工作表現表示有本事把事情處理好，但是這兩樣東西並不能證明這位員工晉升更高職位後能夠勝任新的工作。不要忽略了，新職位的工作內容通常和原來的工作有很大的差異，前一個工作所具備和獲得的能力與程度，大部份的時候並不適用於新的或更高一點的職位。若只以目前所擁有的能力條件來接下新的工作，斤兩是否足夠自己心知肚明；難怪大部份的接任者，總覺得新職位是一大挑戰，壓力驟增。接任初期的跌跌撞撞和錯誤百出更是常態，它所造成的績效下降和損失，得全數由企業埋單；如果是公務機構當然是全體納稅人認帳。

準備好了才上路比邊上路邊準備高明得多。如果企業內的每一個職位的工作內容和能力要求條件都訂的非常清楚，那麼那些年資已夠績效表現優良可能被晉升的員工，事先可以知道自己的能力不足在那裡，他可以利用各種的方法和機會來補足，接受正規的教育訓練是一種方式，預先嚐試體驗是另一種方式。很多企業推行**職務代理人**的制度，它的主要目的是提供可能的接替者有事先練習的機會，藉以養成新的能力條件。可惜有太多的人把代理人當成被代理者偶爾不在位時，代為接收工作訊息而後轉知的角色，不知道他應該把代理期間被代理者的工作給攬下來完成它，藉以體驗不同的工作內容，檢視自己相關的能力狀態。被代理者怕事情給搞砸了，沒有給予充分的授權，通常是形成這種狀態的主因，也緣於擔憂自己的職位因此被取代。殊不知在被代理人遠距的關注和指導下，加上代理者的戒慎恐懼，這種情形很少發生，反而是晉升後的邊做邊學常帶來混亂和損失。況且當自己的工作無可取代時，意味著個人的職位也就到此為止，這樣的想法並不高明。

33 沒人願意一輩子被別人掐住脖子

一位準備在企業內工作一輩子的人，如果晉升之路都要看別人的臉色，實在不是一件舒服的事，或許自己正是這種氛圍下的受難者，卻也經常同時是加難者。不能以同理心來處理事情，似乎是人類的通病，世事之紛爭不斷不平四處其來自有。

有一種禽鳥擅潛泳捕魚，再混濁的江水，魚兒都難逃被捕，牠的名字叫鸕鶿。漁家看準了牠專擅捕魚的特性，於是飼養為家禽並馴化。鸕鶿有一付長而寬大的脖子，只消用繩子綁住脖子的下端，吞到嘴裡的魚就進不到胃裡，全存在被線紮住，有著寬大的縐皮而且彈性極佳仿如囊袋的脖子和口喙之間，漁夫提起禽鳥一抖動推壓，這些被捕捉到的魚全數從口喙中吐出掉入船艙，成為漁夫的漁獲。捕捉到一定或讓漁夫滿意的數量，漁夫會解開綁在脖子下端的繩索，從漁獲中拿出一些小魚做為犒賞，鸕鶿一天能吃到多少魚，全看漁夫的高興。

想想看脖子被掐住，能吃卻吃不到的感覺，應該不會好受。這種事情不是只發生在鸕鶿身上，在職場中許許多多努力工作的人，終其一生晉升不到想要和自認為應該有的位置，得不到更多的報酬，他們的處境和被綁住脖子的鸕鶿沒什麼兩樣，晉升和收入都得看別人是不是願意鬆綁那節繩索和丟多少魚給你。

34 畫一幅升官圖，讓有為者亦若是

懂得激發員工積極進取的本性，建立公平競爭的環境，和提供一個可以規劃也可以期望的未來，是那些表現卓越的企業之可以留下好員工一定會做的事。當員工符合年資時間和績效表現的基本條件，他就取得爭取下一個更高職位的資格，這些都是可以公開的資訊。如果他陸續的通過了測試的標準，逐步累積了更高職階的各種能力條件，在自動提升職等的同時可以提出晉升職位的要求，成為該職位的競爭者之一，等待時機的來臨。當然他得比其他的競爭者有更好的條件才能雀屏中選。當這些可能升遷的路徑，晉升各職位的能力要求條件，能力培養的課程和實境體驗及能力評比的標準與方式都非常清楚時，不會有人再擔憂那些不當阻撓和當權者偏好的不公平。戮力於個人能力的提升和累積，會成為用心工作的動力來源，多一些學習不覺得是苦差事，多一點的改變和創新願意去擁抱，因為員工知道他的未來可以因此而有期待。當然他也不會特意的去引起主管和同事的不快，因為處理人際關係的能力很可能是其中的重要評比項目之一呢！

企業都很習慣繪製組織圖，清楚的顯示各功能單位的分際和各職位之間的隸屬關係，員工辦起事來才不會弄錯單位找錯人，管理單位還得及時的維護這些資訊的正確並公告周知。

拿到新的組織圖，員工免不了會瞧一瞧誰調了單位誰又升了官，待得夠久的員工，從累積的資訊中可以領悟出一些職位升遷和獲得的途徑。有為者亦若是，這些企圖心比較強的員工，會在心中建立起相仿的目標途徑，希望有朝一日能如其所願。

企業為什麼不把這些看似模糊，事實上卻非常明確的晉升途徑繪製成圖，讓員工們都知道，每一個職位都有一定的可以達到的途徑；或許狹窄到只有一條也或許有好多的途徑，串在一起即成為所有員工可以依循擇取的

「晉升圖」。一方面可以避免某些員工因為認知不清楚選錯了方向，徒增一輩子的懊惱，另一方面也可讓員工自由的選擇確定企求的晉升目標，而達到自我鞭策的效果。

員工如果擇定冀望的目標也知曉可以達到的途徑，再仔細的瞧一下達到目標的過程中，得歷經的每個晉升的職位自己得具備的特質和需要的資歷與能力條件，就知道這不是一件簡單的事，對於晉升的緩慢和波折，或許較能釋懷。如果企業同步的提供了逐步建立這些條件的步驟和方法，剩下的端看建立職涯目標的員工，是不是能以努力和持續來串接晉升之路，再加上些許的機緣。

35 誰說計劃趕不上變化，加一些壓力美夢也能成真

有些人說計劃趕不上變化，而對計劃的事嗤之以鼻。對於那些仿如機緣般無法掌握的變化，如果因為事先有計劃，進而促成自己的能力條件有節奏的增加和提升，變化的幅度就不致於劇烈到無法想像的地步，或許還可能因此帶來新的契機呢！

企業把這些員工自己屬意的「職涯規劃」，講白一些或許稱為「升官夢想圖」更為貼切，如果這些夢想都按照規劃的方式達成，員工也都留了下來，經營管理者會驚訝於企業可以自己培養出來的人才居然不計其數。很多企業不思此道，或只想榨乾員工的精力，或完全不顧員工的發展與未來，或

只想撿現成而不願意投入資源自己培養，結果自然是在人才難覓、員工缺乏忠誠的怨嘆聲中，眼睜睜的看著商機流失。

大部份的人應該不會懷疑，「升官夢想圖」如果缺少外在所施予的壓力，它終究只是遠在天邊的彩雲，不過一場夢而已。仿如學生時期的暑假計劃，總是琳瑯滿目，但是缺了考試的壓力和老師的督促，實現的比例很少超過個位數。**企業的管理體系可以適度的提供壓力的來源，主事單位和各級主管的監督與回顧，可以彌補大部份主動性的不足**，如果再和績效評比有部份的連結，想想荷包可能因而縮水，很難不引人留意。

經營管理者如果將這些員工們湊在一起後的「職涯規劃」，和企業的發展策略放在一塊兒來看，它們可以輕易的轉化為針對企業未來發展的「育才計劃」，避免了臨渴掘井或胡亂抓瞎的窘境，營運的起伏變動就不會那麼劇烈。

36

用換位增加體驗，用換位防出錯

職位如果愈高，任職者需要曾經歷練過的職務範圍就愈廣泛，此時能力的深度已非重點。他所需要歷練的各種不同的職務範圍，若非透過親自的參與其事來擴張，光是在一旁聽、看或知道，實無濟於事。職務輪調的做法於焉誕生。那些被調至和原來擅長的工作不太相干的職務的人，很可能是晉升更高階職務的儲備人選之一，而輪調職務的工作內容或許正是未來晉升更高階職務後必須管轄的一個項目。如果未經歷適度的親身體驗並得其精髓，將來督導工作時極易因生疏和膚淺而掣肘，很難期望有突破性的進展。

輪調者的適性與否，依然是決策者事先得考慮的主要因素，如若個人的特質項目和程度與輪調職務需求條件之間差異太大，得到失敗的結果不會令人驚訝。

事情未必都能以類比來推論未知的結果，用在人的身上很容易因想當然爾而出差池。後一個工作的成績欠佳很不幸的會一併清除了前一個工作傑出表現的印象，多少幹才因此而毀了名聲，從此難再翻身。

因為沒人能保證輪調者得以勝任新的工作，暫時委以副手或助理的角色，體驗新的工作內容和建立新的視野，是比較保險的做法。從負責一件小事開始，逐次增加負荷，比一次全面接手，風險和壓力都小得多，成功的機率也比較高。這樣的際遇很多人一輩子求之不可得，因而有千里馬無伯樂賞識之嘆。企業如能取其精神，建立起類似的制度，千里馬或許就近在咫尺而且為數不少呢！

企業內有些工作和金錢有密切的關係，俗謂見錢眼開，難保天天經手金錢的員工心靜如止水永遠不出亂子。收取回扣、以少報多、挪用公款中飽私囊的事，大都發生在久任者的身上。他們有很長一段時間和週遭相關的人，建立起信賴的關係和堅實的友誼，使不容於企業紀律私相授受的金錢贈予或挪用成為可能，有時連一般的防治機制與稽核制度都起不了作用。

時間是建立人脈關係的重要因素，時間長度不足意味著人與人之間友誼與感情的鏈結強度會降低。很多原本恩愛的夫妻，因客觀條件的阻礙而分隔兩地，或彼此都忙碌，極度缺乏共處的機會和時間，終致走上離異之途其理在此。相同的職務內容一定時間的人員輪調，縮短在一個場域的服務任期，遂成為企業消極的防止這類工作類型的員工可能逾越紀律的一種措施。這一類型的輪調制度和人員能力的培養、視野加寬、職務晉升幾乎無關連，比較像大風吹的團體遊戲，從一張還沒有坐熱的位置隨機的換到另一張外型和材質都相同的位置，換位者少有選擇的權力。

37

大家最在乎的不外是薪水，其他都是虛的

不論是做了一輩子事情職場生涯已來日無多的勞碌漢，或是剛踏入職場充滿無窮希望的職場新鮮人，大家共同巴望的不過就是那份「薪水」。工作上獲得的成就感、受到別人的尊重、被長官器重、和受同事或員工的愛戴，這些感覺虛無漂渺，用來彌補個人實質收入和認知差距的自我安慰，或資源分配者以它為分配不足的遁詞，或功成名就者的高調說法，都產生一定的安慰效用；但老實的說，遠不如多一點的薪水來得實在。

養家活口、生活過得好一點得靠它，受到別人多一點的尊重、好一些的服務和奉承阿諛一樣少不了它，因此大家夥拼命的工作，犧牲了生活中許多的美好，只為求得有好一點的「薪水」，或許也可以更廣義的稱它為收入。

對那些在企業中服務為數眾多的就業族來說，薪水幾乎就是收入的全部，他們當然非常羨慕那些為數不多的投資者，以錢滾錢的利得坐擁巨富，薪水佔這些人收入的比例實微不足道。但就業族薪資多寡的生殺大權卻操在他們手裡，統計數字顯示，全世界百分之八十的財富集中在百分之二十的人身上，更露骨一些的說：小於百分之五的人決定了百分之九十五的人的薪水，想想看任何一家企業所發出的全部薪水最後不都繫於老闆的一念之間，就知道這樣的說法並不誇張。

38 老闆心裡在想什麼？

身為企業的員工一定很想知道，老闆到底是以什麼方式和規則來決定員工薪水的多寡、高低？設身處地的想一想，如果你是老闆，你會怎麼做？大家都知道員工如果薪水拿的多一些，老闆的收入相對會少一點；假設所有的員工都少拿一些，因為許多員工少掉的那一部份，全歸老闆一人所有，他的收入相對的會多滿多的。所以為什麼員工總覺得企業賺大錢的時候，薪水增加的數目不如預期，可是企業狀況不佳的時候，員工減薪的幅度卻又大得出奇。精明的老闆為了維護自己的利益當然不遺餘力，而員工薪水的總支出正是他自由操控最可以用來調節自己收益的工具，焉何不用？展望美好的未來為企業留下發展的資金，和共體時艱度過難關，這些聽來鏗鏘有力的說詞，普遍的被用來解釋這麼做的理由。

不論員工信或不信，絕大部份的老闆都這麼做，結果則是社會財富分配不均的情況逐步的惡化，引發許多的社會問題。不過不會有老闆認為這是他們的決策所造成，因為大家都這麼做嘛！

39 老闆如何決定員工的薪水

大家都這麼做，成為企業的經營管理者決定薪資水準的參考基準。在經濟自由競爭發展的地區，就業人口可以自由的流動，幾乎沒有任何的限制。員工如果覺得現在服務的企業給的薪水偏低配不上自己的表現與能力，大可尋覓移轉到願意提供高一些薪水的企業，不會有人阻攔。在同一個就業市場假設具有相同本事的人很多，企業不會找不到類似的員工，企業願意提供的薪水自然高不起來。在個人可以接受的薪水和企業願意提供的報酬之間，遂成為這類職務的薪水範圍。相反的，擁有大本事的人數目少，很多企業搶著聘用，如果不能出高的價錢很快就被捷足先登，這類職務的薪水範圍特別的大。供給與需求之間的平衡與不足，微妙而自動的決定了各種職務的薪水範圍，非企業可強求且不得不依。

就業市場上有許多的人力資源管理顧問公司，每年都會在各地區做各行業、各職務的薪資調查，經營管理者只要花點小錢就可以參考這些資訊，來評析和訂定自家企業的薪資水準。如果不想花這筆錢，從企業內部各個職務人員的流動狀況和找人的困難度，管理者也很容易感受到企業所提供的薪水是否符合就業市場的平均水準；甚至在和同業互吐苦水的閒談中，多少也可以獲得一些訊息，聊為參考。

40

便宜又大碗的好康事不常發生

除了剛從學校畢業毫無工作經驗初入職場的新鮮人，不論擔任何種工作，企業所提供的薪水比較趨於一致少有變化外，各個職務在其特有的薪資水平線，都存在某種程度的高低差別。

經常上市場購物的家庭主婦非常清楚，蔬菜、蛋、肉的價格各不相同，但是縱使是外表看來都一樣的雞蛋，放在蛋盒中的精選蛋，因為品質比較一致和衛生條件較佳，就比雜貨店中放在大簍子中任由挑選的蛋價高一些。不想冒可能錯挑品質風險的家庭主婦，會花多一點的錢買個心安。

企業在決定薪資水準的時候也有相同的考量。如果訂在高一點的級距，也就是比平均水準的薪水高一些，比較接近薪資範圍的高限，找到能力水準高一點員工的機率就大些。這些企業基本上不怕給員工高的薪水，因為經營管理者盤算著，多付出去的錢，透過員工的高績效表現不僅可以回收，還可產生乘數效果，那麼這就是一宗划算的交易。

這些受聘的員工，為了保住這份得之不易的高薪，或至少比同輩來得高的薪水，心理上比較能接受企業高期望的要求，在能力、自我的認知和外在期望的交織作用下，多一點付出，高的績效表現焉能不達？這些企業很少因為高等級的薪資政策而有不划算的失敗經驗。因為這樣的企業素有好名聲，偶有誤判，不乏擇良木而棲的能人快速的遞補空缺。水魚互幫兩相得利。

不過很多企業的經營管理者卻不這麼想，他們非常在意看得到的成本會因為用人費用的提高而增加，所以選擇較低級距的薪資水準。大家都知道，便宜又大碗的好康事，只有在偶一為之的限時促銷活動時曇花一現，怎麼有可能天天過年？因此員工水準的參差不齊是意料中事。稍差一些的能力條件，加上自我期許的認知程度不高，如果管理者仍懷抱高度的期許，豈非緣木求魚？倒是那些人為因素所造成的非預期的損失總是如影隨形揮之不去，大家雖然一日不得閒，企業的獲利卻未因勞苦而多，也未因用人薪水的減少而增。當經營管理者視人如物，以數計值時，都不脫這樣的結果。

41

少了一點良心，調薪難

大部份員工的薪水在企業決定聘用的當時被確定後就少有令人滿意的增加。已經有多年工作經驗的應徵者如果敢開價，可能得到一份不錯的待遇，但也可能錯失了錄取的機會。應徵者如果不清楚企業薪資水準的等級和明確的行情，要抓捏的恰到好處確實不容易。所以有滿多的人，以較低水準的薪水，取得進入企業的門票，而冀望於未來，通常這樣的希望都會落空。企業內部的調薪機制，除了有時間漫長和幅度甚小的門檻外，決策者尚可以運用諸多的干擾因素，合理的凍結或無感的緩步提升薪水。加薪除了直接衝擊到投資者的獲利外，經營者也擔心景氣不佳時增加的人事費用使財務負擔更為沉重，而且調薪還會同步墊高其他附加費用的支出，因此沒有一家企業的所有者，願意看到薪資水平的不斷調升。除了職場新鮮人以外，薪水愈來愈有銀貨兩訖的特色，在進入企業當時確定後少有變動。

一件物品的市售平均價格，會因為通貨膨脹而上揚，通貨膨脹到底是什麼因素所造成，一般人實在搞不太清楚，但是明確的知道同樣的薪水能買的東西變少了，各項固定支出的生活費用都增加了。對薪水領的不多的上班族來說，原本捉襟見肘的生活會更艱苦一些。

由廣大的民眾以選票堆疊而得到授權的政府，對通貨膨脹所帶來的物價上漲，大部份的時候無計可施，比較常見的是灑些錢以各種名目補助在貧窮線以下的小部份國民，其他龐大的受薪階級，得完全仰賴企業的加薪來對抗通貨膨脹。企業替政府和社會承擔了一大部份可能產生民怨的責任，有人稱之為企業的社會責任。它不具強制性，在高道德成份和私利優先考量之下，加薪與否和調整幅度，全憑企業經營管理者的良心。

回應社會對抗通貨膨脹的壓力照顧替企業賺錢的員工，顯然就是企業調薪最主要的考慮因素。如果企業調薪的幅度和通貨膨脹的比率相當，員工的實質所得不變；如果低於則等同減薪，很可能做得愈久薪資反而愈低，薪水條上增加的數字徒增迷惘。

企業歷次的調薪幅度如果都不及通貨膨脹的比率，卻依然秉持己設定的薪資水準等級，以時下的薪水行情招募新員工的話，就會產生雖具相同的學、經歷和能力與特質條件，但新員工的的薪水卻高於舊員工的情形。舊員工會感覺在企業服務多年的付出和忠誠，因為企業經營管理者的良心小了一些，竟是如此的不值得。

要克服這樣的情形，就企業而言只消定期的回顧每一項職務和每一位員工薪水的合理性，調整至應有的水準，即能輕易的解決。不過很多企業並不這麼做，讓不公平存在又以為當事者不會知道。對無力改變企業決策的員工來說，積極的增加自己的能力，努力的爭取升遷的機會是比較正面的對應方式；如自忖難以如願，只有騎驢找馬另覓良機；至於酒酣耳熱之際同事和好友間的互訴苦水，多少也可一吐心中塊壘，得到暫時的舒坦。

42 爭取高薪靠的是本事，不僅埋頭苦幹

中國人有這麼一句老話：升官發財。升官和發財很像是連體嬰，只要升了官，錢自然會多出來。姑且不論升官後因接觸面擴大，人際關係和權力運用而增多的其他財源，光大幅度的薪水調整，就讓一般的上班族心嚮往之。隨職務調升所增加的薪水，遠比企業因應通貨膨脹而全面調薪的幅度大得多。這些多出來的部份不會被通貨膨脹吃掉，可以用來真正的改善生活品質，或儲蓄起來累積為個人的財富。

想要提高薪水的人，必須知道，**隨著工作的歷練所增加的能力條件，是晉升的基本條件**。如果只知埋頭苦幹卻疏忽了能力的增長，巴望著長官長時間記得你的辛勤付出，冀望整體調薪時獲得多一點的青睞，換來的必定是失

望的結果。但是如果在工作過程中，用心而有步驟的增加自身的能力條件，何愁得不到提升職務的機會和連帶不斷增加的薪酬。懂得這個道理的人，倘若在某個企業內前途受阻，常藉跳槽而升，歷經數次轉折平步青雲，薪水睥睨舊屬同僚，這是企業界典型的升官發財途徑。不要忘記，**薪水的大幅提升不在多麼辛勤的工作，而在用心的提升自己各方面的能力條件和程度**，當你秀出本事的時候，機會隨之而至。

43

薪水不光是薪水，僱主、員工各有看法

瞎子摸象的故事，大家耳熟能詳。一樣東西，看的角度不同所得到的印象就可能不一樣，世間的諸多紛爭均因此而生。就員工來說，進入個人的口袋，可以憑意志自由使用的錢，才算得上是薪水。那些列印在薪水條上，由政府支配被預先扣除的個人所得稅，和不知何時用得到的自己必須給付的各種保險費用，因為不曾進入個人的口袋，感覺上它們似乎都不是薪水的一部份。

對企業而言，這些錢都得由企業支付，許多個人得支付的保險費，企業還得相對提撥一定比例的金額給政府，因此企業實際支付的錢，比薪水條所列的金額還多些。

員工可能不清楚企業有這些扎實付出的費用，就是知道也不認為這些進不了口袋的錢是他的部份薪資，兩者在認知上的落差，有些時候對薪水的處置方式產生不同的意見。

正常情況下員工入袋的錢，加上偶發性入袋的加班費、津貼或獎金等，再加上預扣的個人所得稅和個人得支付的各項保險費用，被稱為狹義的薪資；如再加上企業相對得支付的多種保險費和預先提存的退休金，則成為經營管理所關注的廣義薪資。

廣義的薪資因為加入了企業相對支付的保險費和預先提撥的退休金，比狹義的薪資來得多，經營管理者思考著：如果這些費用能少一點，企業的負擔則可以減輕一些，獲利也多一些。這些由企業相對支付的費用，都是以正常的薪水，也就是底薪為計算的基礎，怪不得企業都喜歡壓低員工的底薪，更不喜歡調升底薪，而選擇以績效獎金或加班費補其不足，並儘可能的加大它佔員工整體薪資的比例。這些非固定支付的績效獎金或加班費，提供給經營管理者極大的調整彈性和自由評量的空間，因此廣受他們的喜愛，但非固定數額的收入帶給員工的卻是極度的不安全感。薪水變動的幅度如不在預期之內，對已經成家育兒的受薪家庭來說，可能不時得面臨付不出貸款的窘境，更別說在職涯結束時的退休給付，會因為長期的低底薪以致權益受損。

每一次集體調薪後的底薪，都是下一次集體調薪的基礎。這有點像銀行存款利上加利的滾雪球效果，當時間長度拉長，擴大的效果著實驚人，換言之企業的薪資負擔會隨著時間推移愈來愈重，經營管理者想到未來就頭皮發麻，因此對員工的調薪愈發的慎重小心，抓捏的是否恰到好處，在在考驗管理者的功力。

44 祕密薪資，你我皆知

維基解秘公佈了一大堆各國政府公務機關之間相互往來的電文，這些原本非常祕密的電文公佈於世，不知讓多少政府官員惴惴不安，惶惶不可終日。它再次的證明天底下沒有不為人知的事，凡做過必留痕跡，不論政府機構的檔案分級和管理有多嚴密，有心人想要知道終究能得知。

人們很喜歡做一些我知、你知，他不可知的事，並欲以祕密來鎖住這些訊息，殊不知人類兼具了喜好炫耀、抱怨和說東道西好打探的特性，訊息因此溢漏，使守口如瓶變得非常難得。當聽到「這是祕密，不要告訴別人」的特別叮嚀，就表示聽到的訊息鐵定不會是祕密。

現今的社會習以收入的多寡論本事的高低，在企業裡能力條件好和貢獻度高的員工，獲得高報酬理所當然，分配者只要說得出一番道理，其分配方式尚稱公平，員工難有說三道四的空間。股票公開上市的企業，經營管理階層的薪資所得，按照國家的法令規定得公告周知。看到他們的高收入，實令有為者心嚮往之，視之為一輩子努力的標竿，戮力以赴不以為苦。如若企業的獲利欠佳難以匹配其高薪，必然遭致投資大眾的撻伐，薪資所得自得回復至合理的水準。

企業內不能公開的薪資，員工當然會懷疑它的公平與合理，同時遮掩了績效表現良好員工可以彰顯的光華，也讓有心追求上進的員工失去了追求的標竿。看似秘而不宣的薪資資訊總在不經意中洩漏的人盡皆知，徒增猜測和不滿。管理者如果冀望員工積極任事，換得企業不斷成長的果實，意欲將員工蒙在鼓裡的薪資保密制度反倒可能是背道而馳的措施。滿足分配者任憑喜好分配的權力慾和強化員工對個人的忠誠，或許是這種過時做法至今尤存的最大原因。

45

薪水不應只是一張薪水條

塑膠貨幣盛行之後，除了小額的花費還有機會用到紙鈔外，大額一點的支出，刷信用卡、現金轉帳或簽用支票轉瞬間即搞定，報表紙上數目字的增多、減少和移動，在心理感受上遠不及接觸真實鈔票所帶來的悸動強烈。如今一般人想體驗手捧整疊鈔票沉甸甸快感的機會已幾近於零。

現代人努力辛勤的工作，一星期或一個月換得的報酬不過是一張紙條上電腦列印的細微數字，看不到成疊的鈔票，少了一張張細數的樂趣，老婆大人從存摺看到數字的增加，似乎也因為少了真實鈔票的遞交，感激的神色不再那麼動人和即時。每月一次領薪的感受不再那麼強烈的時候，工作的樂趣和積極的態度彷彿也消褪了些。

當我們到商店買一樣東西，結帳時，銷售人員的一聲謝謝，附帶的提醒小心拿好的關切，都會讓我們覺得它不只是一筆交易，而是蘊含著真誠的感謝。企業的經營管理者非常清楚，員工持續而辛勤的付出，是企業所以能賺取財富最重要依賴的元素。比起在商店買一樣東西，售貨人員一句隨口的關切帶給購物者一絲的暖意，顯然員工在獲得報酬的那一刻，似乎更值得管理者給予誠心的感謝。

方便的電子化作業，使管理者每月固定一次，當面向所屬員工致謝的機會給疏忽了，少了親口說出的謝謝，同時也少了隨口垂問員工家庭近況的關切；瞭解員工的工作近況和困擾，似乎只會在工作檢討會議充滿指責的氣氛中被怨氣給凝結，卻不能在獲得報酬雙方相互感謝的氛圍中，愉悅的交流、體諒和加油打氣。

一紙密封的薪水條，一成不變電腦列印的感謝詞和薪水數字，無法取代主管真誠的謝意和關心。**薪水不只是金錢的數字，它蘊含著給予受雙方真誠的酬謝與感激，帶給彼此家庭無比的歡欣和希望**，當面交付乘機和善的談一談，似乎更有人味。

46 計件計時工資是企業的最愛

每日點名上工，下班時排隊領薪，結夥到酒店買醉嬉鬧，在描繪十九世紀早期工廠作息的電影中，經常可以看到這樣的場景。這些人領到薪水的多寡和他們當日工作的產出數量有關係，做得多則領得多，如果沒上工就沒有收入。個人的收入不固定，企業的產出也因為人員異動而變化，兩方均處在不穩定的狀態下，既不利於企業長期的發展，也不利於家庭和社會的和諧。

這些人的工作成果幾乎都可以數量來計算，企業提出單一件工作產出的報酬，雙方如果都合意就可以上工。為了鼓勵員工能努力一些，每日產出的量超過最低的數量要求標準，隨著數目的增加，企業所提供的單件報酬也隨之增加。企業把數量超過設定標準所減少的營運成本，分一部份給這些績效表現比較好的員工，自己也留下一部份，雙方皆大歡喜。

員工基本上搞不清楚成本這檔子事，因此單件的報酬和分配的比例與多寡，全由經營管理者定奪，員工無置喙之地。企業主的良心主宰情勢的發展，有金錢需要的人，努力的工作一心想著以多一些的產出換取高一點的薪水，碰到苛薄的企業主如再碰上不佳的商業情勢，他們輕易的成為勞力被剝削的對象。有很多的企業主追求自身利益的最大化或受委託的經營管理者以繳交漂亮的經營成績，證明自己的能力，不自覺的成為剝削者，這一批沒有議價能力的計件工作者和他們的家庭卻成為陪祭的犧牲品。

以單件計酬的工資，基本上很容易算得出來。完成一件的標準工作時間，乘上這一類工作人員的平均日薪，答案就是工資。標準工作時間意思是指普通水準的工作人員平均做一件所花的時間；而這一類工作人員的薪資水平，參考或打探一下人力市場的行情則有譜。

企業內有很多的工作很難以完成數量的多寡統計工作的成果，此時以件數計酬支付工資的方法派不上用場。這類工作的內容繁雜多樣，也可能不是多到可以僱用一個人全天候持續的做或終年不斷，於是以時間小時為單位計酬的方式，對念茲在茲於控制費用支出的經營管理者來說就非常的受用。做多少小時則支付多少薪水，人力支出的費用因此可以控制在絕對精確的範圍內。它特別受到餐飲連鎖店的青睞廣泛的被採用，在用餐時段急需人手時，同時聘用許多的人可以應付眾多食客的需求；用餐高峰期一過，這些臨時增加的人手幾乎全數請回，人事費用可以百分之百的用在刀口上，絲毫沒有浪費。

這類可以簡易上手的工作內容，對無工作專長與經驗，不能長期朝九晚五工作的學生來說特別對胃。企業自然不會對這些需求者眾的工作提供多好的薪水，只要符合法令規定的最低時薪，一個願打另一個願挨，相安無事。

最低時薪是法令規定的最低工資，除以每月工作二十三天，每天八小時計算出來的，對企業來說還滿划算的，因為沒有特別休假、國定假日的時間空檔，沒有加班增加給付和年終獎金的支出，也省掉了僱用正式員工所必須的許多其他的開支。當時薪的工作增多，逐漸轉變為企業常態性聘僱員工的主要模式時，則形成另一種的剝削，到處可見的時薪工作者同樣不自覺的成為被剝削者。**當社會公平正義的天平愈發的朝資方傾斜，難保有朝一日不滿的意識不會匯集，成為社會動亂之源。**

47 充實知識和能力，換得高薪免受裁

書中自有黃金屋，從古至今所看到的華屋毫宅皆為飽讀詩書的達官和精於鑽營的鉅富所擁有，得自於書中的知識，使他們有不同於一般民眾的氣度和更多的機會，錢財隨之而至，書儼然是坐擁財富的敲門磚，足證此言不虛。每逢景氣劇烈變動企業縮緊人事開支之際，辭退歲數已邁入中年的久任員工，總是管理者優先考量的選項。他們不再身強力壯體能充沛受人喜愛，從事的工作如果並不複雜，可以輕易的被薪水低得多的年輕人取代，一輩子只知道努力的工作，卻疏於持續不斷的充實自己的知識內涵和培養特有能力條件的人，除非你是老闆，否則這樣的場景一定會碰到，終究會成為企業瘦身被割掉的那塊肉。

計件和計時的工作，可以因為多一點勞力和時間的付出，賺得多一些的薪水；企業中的職位也會因為費心的投入和長時間的累積而升高調薪，他們賺得的收入或許足以維持溫飽但剩餘的不多，人力市場上有很多的人具有類似的條件使工作的收入比上不足比下有餘。另有一群人，工作的報酬同樣以小時計，單價卻是一般計時工作的數十倍至百倍以上，這些賺取高收入令人稱羨的律師、會計師和顧問師，以高昂的時薪為計費的基礎，乘上完成一件案子預估所花的時間，合計為專案費用，成為另一種薪資給付的形式。稍顯複雜的專業知識，欲以一般常識窺其堂奧有其難度，加上法令所設定的進入門檻，限縮了懂得和有資格處理類似事務的人數，其高昂的薪資水準，不知讓多少人眼紅。

普及的義務教育所傳授的知識，只能初步的讓年輕人儘可能的免於挨餓，卻未必得以終身依恃。面對源源不斷進入職場來勢洶洶的年輕工作者，在景氣變動劇烈不知伊于胡底的年代，裁員似乎已成為企業應變的必然措施之一，員工如果真的充分體會書中自有黃金屋的道理，不忘時刻擴張知識的廣度和增多能力條件，或許不一定能坐擁金屋，但至少有足夠的本事可以維持像樣的生活免於餓著肚子。

48 員工福利不就是略施小惠嗎！

每日到菜市場買菜的婆婆媽媽，對菜價的敏感度特別的高，在熙來攘往的傳統市場，相同的蔬菜同時有數家菜販喲喝著希望客人來買，除了價錢得公道，斤兩得稱足才能招來買氣外，還得花點心思留住客人。有些菜販在結帳的時候會順手抓些蔥、蒜、香菜或辣椒放在菜籃裡，這些不怎麼值錢數量也不多的配菜，經常就是小攤販留住客人的利器，很多的家庭主婦衝著這些免費的贈菜而屢屢光顧。

賣菜的攤販未必說得出多少大道理來解釋他們的行為，但百分之百的知道撒出一些小利可以獲得他想要的效果。

企業在徵求員工和求職者找尋工作機會的時候，不論彼此考慮了多少因素，薪水的多寡終究是雙方都最在意的。當薪水符合市場行情又不致背離期望太遠，彼此的協議則能達成。求職者在決定的時候很少會被企業所提供的福利措施所左右，因為絕大部份的應徵者都可以接受企業滿足勞動基本法規定的起碼要求，那些聽來有些誘人的福利措施，實在難辨其真假，如列為同意與否的加分因素，可能過於天真。

經過雙方確認的薪水，在進入企業後事實上立即進入僵化狀態，員工們心知肚明短期內增加的機率趨近於零，因此它不再是大家關注的焦點。當繁重的工作逐漸成為常態，日復一日壓得快喘不過氣來的時候，生活作息偶爾的變化和稍許的刺激輕易的成為活化工作的良方。壓力暫時舒解後精力恢復活力重現，自然對依賴員工為賺錢利器的企業有益，那些原本看來並不起眼的福利措施，攸然間躍升為員工關切的事，在不方便公開個人待遇的場合，它反倒成為朋友間相互比較服務企業好壞和個人幸運與否的指標。豐富多樣又願意大方支付福利費用的企業，總是能得到疊聲的讚嘆，也同時鎖住了員工的心。

48 員工福利不就是略施小惠嗎！

賣菜的小販尚懂得略施小惠抓住客戶，倒是很多企業的經營管理者，卻把精打細算的本事，延伸運用到福利費用支付上頭。雖然維持最基本的福利水準可以省下一些小錢，但錯失了活化員工充沛其精力的機會，還不自覺的幫員工積蓄了有朝一日不如另覓良木的不滿情緒。許多在管理者眼中看似不在意的舉措，員工卻經常以笑話來自我嘲諷凸顯其耿耿於懷，當管理者少一分設身處地的思維，則為企業增一分員工管理的棘手。

49 員工在乎的是那份心意

想到全面加薪後每個月都得多付出去的銀子，企業主就不禁背脊發涼。如果沒有社會輿論施加的足夠壓力，如果員工的流動率不是高到慘不忍睹，衍生的問題重覆難除，很少有企業主會主動的去想或願意幫員工全面加薪；可是如不加點薪水，則又擔心員工情緒波動態勢難穩，在千難萬難中有些管理者會把腦筋動到員工福利強化上，惠而不費的達到穩定員工心理的效果，還可附帶獲得照顧員工的美名。

員工福利的花樣眾多，除了薪水之外，加諸於員工身上的其他支出都算。人的一生歷經生、老、病、死四個階段，日常生活則為食、衣、住、行、育、樂的瑣事所環繞，若經營管理者視員工為企業家庭的成員，那麼員工生命和生活過程中的任何一個事件，都可以是員工福利著力之處。

它只要比法律規定的最低標準高一些，比其他企業提供的多一點，員工就會認為企業真的有為他們著想，而不是用後即丟般那麼功利。當員工的心理因此而覺得安定時，薪水的多寡不再特別的計較，欲得自發性無怨的付出有何難處？

在這些可以成為員工福利的項目中，普遍又必要的部份大致皆已被政府的法律明確的規範，例如：勞工保險中所包括的：失業給付、職災、婚喪、生育補助、健康保險、退休金提撥等，企業如果不取巧的意欲節省支出以多報少，算是盡了企業基本的法律責任，員工可完全不會認為這些措施含有企業照顧員工的真誠心意。除了特殊條件的工作津貼經常被視為是薪資的一部份之外，其他可以考慮到的員工福利項目，幾乎都具備侷限和偶發的性質，它可能只限於具備某些條件的人才適用，或經過一段時間才發生一次。給付的金額不大，但不論是雪中送炭的慰問或錦上添花的祝賀，只要作為足以感動人心，員工卻都能深刻感受到企業主真誠的照顧之情，凝聚人心的效果難以言喻。

每在過年過節的時候，為人父母者無不巴望著子女的探視和團聚，子女們孝敬的伴手禮值不了幾個錢，但是那一份心意足以讓父母高興好一陣子。有云：壹文錢困死一名好漢，人生當中在金錢、感情、教育或家庭生活各方面，應該**沒人敢鐵口直斷的說此生絕無憂煩困窘之時，面臨困境若有人適時的施以援手度過難關，終其一生必難忘懷而願銜環以報**。家庭婦女在買菜的時候，順便要些免費的蔥蒜，是典型的貪小便宜，這和一般人在購物的時候，喜歡買有價格折扣和附加贈品的商品如出一轍，雖然折扣和贈品值不了多少錢，但平白的多得到一些，心理則多一分快感。溫暖的關切、適時的幫助和貪點小便宜，這些一般人共有的感覺，如果成為企業建置員工福利措施的考慮因素，經營管理者在決策時則不致於猶疑。以有限的支出獲致最大的效益，不正是管理者最引以為傲的長項嗎？

很多事情說來奇怪，相同的事情，由不同人說出口，聽者的接受度卻是大大的不同。年輕人在成長階段中，受同儕的影響似乎遠大於師長和父母的諄諄教誨，結交到好或壞的朋友經常主宰它大半輩子的發展。其實所謂好朋友的影響內容不就是父母師長所期望的那個樣子嗎？但是一樣的想法如得自於好朋友之言行濡沫，年輕朋友的接受度可是遠大於父母師長的諄諄告誡。員工福利和員工切身攸關，也完全無關企業發展政策，除非管理者有石破驚天的創意和出乎意料之外大手筆的作法，否則儘可能的擱置主管的權力，代之以多數員工的意見為依歸，可能是比較聰明的方式。畢竟在紛雜意見擾攘之際，由權益之接受者以多數方式採決，是杜悠悠之口最好的方法。

50

認知差異，漸成陌路

每天工作八小時，一星期工作五天，兩天休息，可能沒有人真正的知道為什麼這種工作模式，被全世界普遍的採用。試圖說出一番道理的人，充其量不過是事後諸葛穿鑿附會自我引伸罷了，倒是全世界逐漸朝減少工時的方向發展卻是不爭的趨勢。顯然人類打心裡不喜歡工作而樂於擁抱休閒，或許工作方得以求生和休閒是歡樂之源，兩股力量的相互拉扯，才逐漸演變成現今的工作模式。沒人敢斷言減少工作是否會減緩世界進步的速度，傷害到生活與休閒的品質，不過這壓根兒不是卑微的個人付予關心可以知道和改變的事，誰管它呢！

只消在放假的前一天辦公場所走一遭，任何人都立即可以感受到工作氣氛和平時不一樣。員工的臉上洋溢著多一分的笑容，忙著把事情告一段落的腳步也輕快起來，有人趁著辦事空檔巧巧的安排度假行程，員工們無不期望而歡欣的迎接假日的到來。在颱風來臨的季節，總有些時日，全家人不再爭著更換頻道反而死盯著新聞報導，上班族和學生表面上關心颱風動態實則想著能不能賺得一天颱風假，颱風可能帶來的損失和不便，可能遠不及免費的颱風假來得重要。不過有極少數的人可是笑不出來，不管風雨有多大，上班的路途有多危險，地方政府是否宣佈停班，就是要員工們上班工作，他們正是企業的經營管理者，因為停工的損失將使自己的荷包縮水，真痛呀！巴不得員工三百六十五天全年無休，這才叫好！

管理者和員工之間存在如此巨大的差異，欲求擁有決策權力的管理者所做的決定符合人之常情已經難得，更別說貼近員工真正的需求。**那些不討員工歡欣的決定、措施或期望，如果說不會以各種形態反應在工作效率和產出上，可能只有決策者會相信。**它缺乏直接的證據證明所言非虛，員工懼於權力的報復而少有人敢直接言明力陳，管理者很容易變成埋首於沙中自以為是的鴕鳥，倒頭來對人員莫名的離職卻是大惑不解。

51 小事不當回事，累積久了成麻煩？

有句俗話說的貼切：人生之不如意十之八九。世俗的經驗明白的告訴普羅大眾，這輩子快樂的事不是很多，要記得多加珍惜。

不論在任何一個時刻找到了一個新的工作，實不相瞞都是快樂的事情。在新工作確定當下，很多人或轉身曲肘振臂高聲歡呼或急電親人摯友，如此普遍的反應和共有的經驗，清楚的說明了一個事實：誰不想好好的做事，期盼未來在企業裡有一番作為。照理說這些被精挑細選出來帶著高昂的工作意願和對未來充滿期望進入企業的員工，如果沒有特別的意外，應該會待在企業中好長一段時間。

一位新進的員工得在度過適應期後，才開始為企業帶來一些看得見的效益，並隨著時間的增長效益逐日擴增，不論在任何時段離開對企業來說都是一種損失。因為另一位新進替補的員工要爬升到相同熟稔的高度，需要相同時間的培養、歷練，在效益表現上長期累積的差距就是企業的損失。很多的管理者只膚淺的看到人頭快速的補足，卻未見於此，以致眾多人員的離異連帶累積的損失，抵消了勤奮努力的泰半，企業前進的速度雖一心想快卻步履遲緩。與其沒日沒夜的憂煩和努力做事，多費點心思弄清楚這些帶著熱情和期望進入企業的員工為何會離你而去，或許更聰明些。

大部份的管理者在員工提出辭呈的那一刻，才驚覺而問何以致此！這個時候絞盡腦汁的想知道究竟是甚麼原因而欲彌補為時已晚。這些離職的員工當然不會因為一件小事而臨時起意的走人，最近發生的事件充其量不過是壓垮駱駝的最後一根稻草罷了，管理者如主觀的視為主因著手處理，豈非誤視馮京為馬涼。

中國人或誇大一點的說普天下在企業服務的一般人，都有好來好往的概念。已經打定主意走人，誰會在即將離去時還說三道四，傷及同事或貶損管理階層，損人不利己又於事無補。盡挑好聽的話說，維持表面皆大歡喜的場面習以為常。有些企業的人力資源部門，煞有其事的約談當事人，想要探知原因或得到一些建議，卻忽略了滿腹的牢騷，只會在酒酣耳熱之際向真心朋友傾訴的事實。誰人不知，**官樣的形式只會得到官樣的文章**。

人難免會生病，醫生在開藥方的時候，都會附加的提醒病人適時逐步的改變一些生活的習慣。換句話說，現在看到的毛病是生活中許多小小的不當和放縱累積的結果。管理者如果經常或者定期的探知員工心中小小的不快和一時遭受到的挫折，適時的採用他們的意見著手消除，這些很容易說得出口的小事件，則不會累積大到義憤填膺說不出口。那些能夠放下身段，不是整天只知道談惱人的事情和不斷指責員工不是的經營管理者，挪出一些時間花多一點的心思給員工溫暖關懷，不啻多了數千隻眼睛和數千條手臂，許多問題在惡化之前因此消失無形。

52 己所不欲卻施於人，利嘴如劍傷自尊

為五斗米折腰，道盡了職場工作者的辛酸。比起含著金湯匙出生的人，養尊處優隨時受到巴結，擁有巨富可以任意的揮霍和指使別人，就知道人生而平等這句話只能說是一個信念，當真不得。

一般的民眾也常被稱為升斗小民，清楚的顯示人的身分和價值是可以數量的單位來衡量的。絕大部份的人必須持續努力不斷的工作來增加自己的數量，累積到一定的程度份量夠了，就有機會騎到別人的頭上，做為一位監督者。在他領導的小群體內，監督者說的話很像聖旨，其實根本就是聖旨，因為他擁有的權力，雖說不上是生殺大權，不過也相去不遠，加薪、升遷、去

留都得看監督者的臉色，間接的影響到家計和生計，他的決定豈不和砍人的刀沒什麼兩樣，只不過更高明的傷人於無形。

當人擁有權力的時候，通常會忘了自己也是別人施展權力手段時的受害者，卻缺乏同理心的施展權力於屬下。受於上司也授予下屬，受於客戶再授予供應商，遂形成既是受害者也是加害者輪迴的社會結構。因此除了極少數天生好命的人，大家都覺得在為五斗米折腰，意思是為了生計，不得不接受別人的踐踏放棄自己的尊嚴。

能讓自己感覺尊嚴受損的人，除了位置高過自己以外，都練就了一付好口才，不是讓人回不了嘴就是能讓你在眾人面前難堪。沒真的動到刀動到槍，只憑權位和利嘴，就可以讓人回去暗自飲泣，抱妻兒痛哭或記得一輩子。

口頭下達命令是權力運用必經的媒介，它不像死板的工具，使用後可以直接產生功效。為了產生效果，常加入傷人尊嚴的詞語，比利刃更鋒利的刺傷受者的心靈，不如此似乎無法充分的表達決心，事情也達不到預期的結果，此時誰還會在乎受者的心裡感受？它會成為習慣而後形成監督者的個人風格，原本不恰當的行為反而為人歌頌，不是很奇怪嗎？

當個人的尊嚴被一次次的剝削殆盡，或在血淚中辛苦累積的本事受到其他企業賞識的時機來臨，要不是另尋生路自立門戶，再不就是頭也不回的離去，極可能搖身一變也成為他人憎惡的對象而不自知。

53 只利己的管理規定，正一步一步的離散員工的心

住在都市的居民在狹窄封閉的小空間裡養狗當寵物，實在說不上是好的點子。狗有四條腿比人類的二條多了一倍，天生適合在野地盡情的奔跑嬉鬧，走幾步路就會碰到牆壁的都市公寓，狗兒才起步可能就已經到了牆腳下。狗主人牽狗出門，看到狗兒不斷的跳躍，放開繩索時拔足來回狂奔一路伴隨著輕吠聲的樣子，就知道狗兒有多麼高興了。許多工作忙碌的狗主人，抽不出空帶牠們外出蹓躂，狗寶貝在公寓裡長久的待出憂鬱症來。

喜好自由無拘無束，可以說是所有生物的天性，誰都不希望被約束的難以動彈。可是群聚的團體如果缺乏一定程度的約束，則成不了團體。企業幾乎是世界上目前為數最多的團體了，它需要一定的規範使它像一個團體的樣

子，藉由團聚力量來賺錢，但它又不需要嚴格到像殺敵致勝的軍隊一樣，以極度的缺乏彈性，防止出半丁點的差錯。

彈性的拿捏不是一件容易的事，過分的彈性易鬆散而降低團聚力，極度的僵化則失去應變的彈性，不足以應付多變的環境。當員工因為嚴格的規範動彈不得時，自然變得死氣沉沉提不起勁來，和只知道工作的機器人沒有兩樣，比久關在公寓中不需要工作懶洋洋的狗還不如。

企業中各式各樣的管理規範，不是民主制度下的結果，完全由管理階層憑自由意志而訂，方便管理是最常聽到的說詞，老實說所有的考量無不基於方便管理者自己，當然他們不會忘記忠實的貫徹經營者獨特的意志、習慣和喜好。管理者自己方便加上揣摩上意的結果，訂出來的管理規則，很難甚至幾乎不會顧及員工的需要和想法。在團體紀律的大纛下，逐年累積成密密麻麻的規範，看似運作的井然有序，卻全然不知許多的不滿因而醞釀在諸多員工的內心中，成為茶餘飯後相互揶揄吐苦水的絕佳話題。殊不知任何一分無奈的抱怨，正是將員工往企業外推一小步的力量。有朝一日達到離去的邊界，則為企業的已離職名單增添了一筆記錄。

習於表面直接獲益的欣喜，會讓管理者鈍感到不知還有負面的影響。沒有員工會白目到在當權者跟前說出真實的負面感受，以免影響自己在權勢擁有者心中的印象，不利於未來的前途。怪不得貞觀之治時的御史大夫魏徵和房玄齡，至今仍受人稱道，因為他們實在有膽！

任何一項的管理規範都應該有它要達到的目的，任何一種作法也都應該有它的理由。在企業規範中期望的目的不能是抽象的東西，需以效益來衡量；效益愈大的事則愈得去做，沒什麼效益的事多做無益。可惜的是很多的管理者習慣性的只看到自己看到的正面效益，卻完全看不到負面的部份，這一部份也經常被稱為風險。他們非常缺乏淨效益的概念，等而下之者則連效益的評估都免了，自以為是的決定了一切。

作法和效益本是連體嬰，作法不同效益也隨之更迭。只站在己方的思考邏輯所產生的作法，勢必犧牲他方部份的權益，如果要兼顧，作法就可以有很多的選擇，或者說很多的方案。既可顧及企業的效益又能兼顧員工權益的做法和規定，還有本事以充分的理由讓大家都心悅誠服的管理者，稱之為幹才實至名歸。

54

扮丑搞笑，只見俗氣不見誠意

幹才難得，苦幹蠻幹胡亂幹的人到處都是。

每到年末尾牙之際，老闆們似乎都不能免俗的宴請全體員工，象徵性的酬謝他們一年辛勤的付出，區區之數的一餐飯和可有可無的禮品，以現代人的生活水準來說，實在感覺不到老闆的心意，大夥兒不過行禮如儀或胡鬧一宵就過去了。

一年一次老闆作東的大集合，場子太冷似乎有傷老闆的面子，犧牲自己荷包的深度送出大紅包來吵熱場子又不情願，只好要員工自我娛樂一番，自己也披掛上陣變裝搞笑。老闆們一定不知道員工是以看猴耍戲的心態配合演出，如果一時的戲弄主管可以緩解部屬長時間累積的鬱悶和不滿，未免過份低估員工的智商。請大牌藝人來助陣的大企業，場子燙到不行，不過思及自己一年辛勤付出的收入不及人家兩三小時搞笑的酬勞，激情吶喊之餘憑添幾許的惆悵。不禁會問，這些錢花的值得嗎？似乎和企業平常表現的摳門大相逕庭。

企業實在沒有必要學政府機構做那些大張旗鼓、流於形式的事，全員到齊的大聚餐，根本不可能因此而增加主管們和員工之間的感情，缺少感動人心的犒賞，不足以鼓舞士氣，還不如經常的舉辦一些小型的聚會，部屬可以輕鬆的傾訴心曲交流想法，共同增長一些見識或交流感情，企業花的錢不多心意卻可以完全的體會。如果因此而陸續著手修正一些和員工有切身利害關係的規範和作法，主管們可能都會額手稱慶，不用再年年當眾扮丑了！

55

凝聚力得自於對人真誠的關心

在父權為主的社會，男人沒話說必須一肩擔起養家活口的重責大任，絕大部份的男人得外出工作一整天，才換得全家的溫飽。家是辛苦工作後喘息的歸處，休息的時間總是覺得不夠，想要再做點家事很難提得起勁來，經常是心有餘而力不足。時間一久就養成懶得動手的習慣，家事由妻子全包的情形習以為常，教育子女自然也都賴在母親身上，父子間的關係因此遠不及母子間來得親密。子女有問題時只願意求助於母親，卻盡可能的共同瞞住父親的情形非常普遍。比一般上班族忙碌得多的經營管理者或管事情很多的主管，子女想見父親一面可能都很難得，心有愧疚的父親總以物質的充分供應欲求彌補親自照顧之不足。其實子女在物質上的滿足，絲毫感覺不到父親的心意，他們企盼的是父親花時間的真誠關心和陪伴，物質何能交換和彌補？如果父母親都非常忙碌，這些家庭所發生的子女問題，常令事業有成的父母頭疼不已。

花時間發自於內心真誠的關懷，實在不是物質可以補償得了的。

不只父母對子女的關心，可以產生撫慰安定的效果，獨居和長住安養院缺乏親人就近照顧的老人，壽命普遍的低於三代同堂兒孫共處的長輩，可見渴望別人的關懷不分長幼。

主管們都懂得投客戶之所好，極盡討好之能，也知道怎麼樣去籠絡幫你賣產品的經銷商，讓他們感受到企業的真誠而投桃報李。心緒和時間幾乎被各種事情纏繞耗盡後，主管們反而疏於抽出時間關心一下部屬的近況。少了這麼一點人性的企業，賴以賺錢的凝聚力不知不覺中流失大半，當員工覺得自己和無機的工具沒兩樣時，誰還會在乎企業會變成甚麼樣子？

一個關心的眼神、輕拍一下肩膀、一句由衷的讚美、問一下身體的狀況和家人的情形、聊一下工作的感受、請教一下想法、道一句辛苦了都是關心。這樣做對自詡為能幹的主管來說一點都不難，差別在是不是真的發自內腑，讓員工感受到您的真誠，而不是虛應故事。此時誰還會冒著未知的風險，脫離如此溫馨的工作環境？

56

早一點多留一分，退休生活靠自己

除了一開始就心存詐騙，否則沒有一家企業不是滿懷持續經營的創念而起。心懷憧憬期望未來飛黃騰達的職場新鮮人，想的遠一點，亦無不希望當年老體衰之時能安然的從職場退休。可惜企業的存留率偏低，能夠在私人企業安然退休的人相對的也很少。私營企業的員工極度的羡慕甚至是忌妒有退休保障的公教人員其來有自，公教人員的職場生涯沒那麼精彩，但是退休後的安穩收入讓退休生活愉快而燦爛，倒頭來彌補了部份過程的平淡。不同抉擇下的起手式，過程和結果大異其趣，這就是人生。

少了政府做為後盾的保障，私人企業的員工不得不預先打算，否則很可能晚景淒涼不勝唏噓。政府早期的法規要求企業得提撥一定比例的錢做為員工的退休準備金，但是員工一離職，退休準備金即重回企業主的口袋；企業結束營業退休準備金也跟著全數泡湯；活得比較久的企業，在退休潮即將來臨之際，忙不迭的改組公司，或讓資深員工近乎強迫的知難而退或要他們離職，反正從頭至尾沒有給退休金的念頭；有些企業根本挪用了這筆準備金，到時雙手一攤，員工也無可奈何。

還好個人可攜式的退休金制度建立了起來，不論員工在退休錢換了多少工作，每一家企業隨著個人薪水多寡必須提撥的退休金都存入個人專屬的帳戶內，直到屆臨退休年齡才能動用，企業喪失了擅自動用的權力和機會，退休員工的生活總算有一些的保障不致完全無著。

隨著薪水多寡企業必須提撥固定比例的退休金額並不多，不過長達二、三十年複利累增的效果，還是有讓人著迷之處。經營管理者如果存有關切員工生計之心，或可公開的鼓勵員工再相對的提撥一些薪水存在個人的退休金帳戶內，來擴大長期儲蓄和複利帶來的巨大效果。關心不過是設身處地的幫別人多想一些而已，有些時候企業並未因此而付出金錢，員工卻能感受到企業設想的周到。員工為企業賣力並非全以金錢來衡量，很多時候不也是基於情意而大力相挺嗎？

57 不知經驗傳承，不安悄然而至

有情有義的故事，自古以來特別受到眾生的推崇。水滸傳裡群聚梁山泊的一百零八條好漢，行俠仗義替天行道，傾其全力捨身救友的事蹟，無不讓人熱血沸騰感慨萬千。其秉持的並非是多麼高深的學問，不過是情意二字而已，對比於當權者的爭權奪利，彰顯出一般民眾心中之所向。

從水滸傳所描述的宋朝年代，經一千餘年演變至今，民主政治的推行使當權者爭權奪利的惡行，獲得一定程度的抑止。人民大不了忍受個幾年，不必動刀動槍，以選票就可以決定當權者去留，真是善莫大焉。但相對的情和義，似乎並未隨時代的演進而增。隨著功利社會的蓬勃發展，情意反而轉淡，大部份人的眼裡看到的是利益為大，而且還是自己的利益優先，所以很多的行為則近乎沒有人情義理。

工作者在一家企業一待二、三十載近退休之齡，實在不是一件簡單的事，光是他的忠誠度不二就讓人肅然起敬。尋常人看到狗兒不離不棄護主或苦等亡主歸來的報導或故事，無不為之動容，拍成電影，更為狗兒的忠心掬一把同情之淚。可是社會上有無數的企業，對待那些奉獻一輩子心力的員工，或在景氣欠佳時藉機一腳踢開，或在臨去之際給予無盡的難堪。大半生的奉獻和忠心，似乎遠不如狗兒的搖尾乞憐來得有價值。滿腦子以追求利益為上的經營管理者，情義兩字何曾存其心中？

俗話說：年長者經過的橋比年輕人走過的路多，意味著年資深的員工閱歷豐富，這些以時間和血淚換來的經驗，正是年富力強者欠缺且急而不得的，如果能予善用，年輕人因此可以少走許多的冤枉路，企業可以少很多的損失。它雖然很難被精確的衡量，但是看到許多企業的創辦人驟然灑手塵寰，接班人倉促任事後，企業的風波不斷榮景不在，則知其千真萬確。

企業對待資深員工的態度和作法，這些企業視之為現今骨幹的年輕人，難道對眼前血淋淋的一幕視若無睹絲毫沒有感受？冷眼旁觀的他們知道有朝一日相同的場景也會降臨身上。聰明一點的趁機趕緊多學一些技能，多得一些知識，多建立一些人脈，到時才不會左支右絀任人欺凌；當好的工作機會來臨的時候，少了情義的選擇，頭也不回的離企業而去，了無掛念。

經營管理者似乎並不知道他們對待資深員工的態度和作法，會深刻的影響到其他員工的心理，也不知道虛假的說詞不足以自圓其說，人力資源部門也很樂意做為劊子手而揮舞大刀。這些學自於國外的企業，只考量投資者自身的利益，將功利概念發揮到極致，完全無視員工對企業的貢獻，憑添企業的不穩定也連帶影響到社會的安定，抗議的反噬似乎正透過網路逐步發酵中，會不會延燒到企業主的身上，誰說得準呢？有些企業知道資深員工的好用委以監督諮詢之責，以指導年輕人免於錯誤來彌補體衰力乏之不足，長幼相輔恰如企業運作之基調：分工合作。在熟知的功能互補之外，亦能運用經驗和體能互補因素的經營管理者，稱得上懂得個中之味。

58

共體時艱不應是幌子

從企業對待資深員工的態度和作法看清楚情義的淡薄，東方文化素有的寬厚美德受西風的吹拂後幾已消失殆盡。以資本主義起家的西方列強，領導者言必稱自己國家的利益優先，追求自身利益的最大化是這些西方國家最高也是唯一的行事準則。企業仿如這些列強行事的縮影，除了對資深員工不假以顏色外，近幾年全球景氣變動的頻率和幅度，愈發的頻繁和劇烈，企業主在維護自身利益最大化的最高原則下，年輕的員工同樣飽受驚嚇，絲毫感受不到來自於管理階層的尊重和照顧，經營管理者日常掛在嘴邊以人為重的說法，此時格外顯得諷刺。

在企業營運的內容物中，設備、辦公場所、廠房、甚至於庫存和應收帳款，都具備相當高的僵固性，隨景氣變差而減少的比例低微，於是按月支付的人員費用成為企業在景氣不佳時，維護和調節企業主利益最具速效的唯一工具。按件計酬的工資隨產量減少而降低，那麼按月計酬的薪水也可以因為上班日數減少而等比下降。員工的薪資轉眼間成為企業對抗景氣洪流最前線的沙包，企業經營管理者在砂包堆疊立起共體時艱的大旗，印上無薪假的圖騰，理直而氣壯。

擁有萬貫家財的經營管理者，萬萬體會不到僅靠薪水度日的員工，每個月少區區數千元的收入，可能讓許多原本已捉襟見肘的家庭立刻產生問題。這些手足無措的員工只知道工作量確實減少了，卻完全不知道企業是不是真的處於虧損狀態？企業為了長久經營每年都會保留一切盈餘，或用來增加投資或備不時之需，景氣欠佳時銷量減少或訂單抽離即為不時之需之一；加上企業在同一年度的前幾季倘有盈餘，合併起來的銀彈，得以提供企業一段相當的緩衝時間維持正常的運作。

如果**企業在景氣下滑銷量和訂單驟減初期，即採行無薪假的措施，免不了被高度的懷疑是以犧牲員工家庭生活的安定，換得自身利益的最大化**，這樣的企業欲獲得員工的認同為之效勞，何其難也！

共體時艱實在不應是經營管理者欲採行無薪假時，用來矇悅員工和社會大眾的旗子，當企業緊急救難的銀彈和當年在手的盈餘都用盡時，員工們怎會不共體時艱呢？

眼見一些瀕臨倒閉的企業，員工感戴企業主長年的恩情對待，自發的犧牲酬勞甚至聚沙成塔的拿出有限的積蓄，助企業重新站起來而為浴火鳳凰，這些事例或許在企業主求利的過程中，在對待員工時提供了另一種的選擇和領悟。

59 無薪假是員工對企業集體伸出的援手

天有不測風雲，人有旦夕禍福，簡單的一句話道盡了人生的變幻莫測。俗話也說：狡兔有三窟，牠們憑藉著本能為生存預挖了諸多逃生通路，有朝一日天敵來襲，得以從容逃遁保住性命。人類在漫長的生命過程中，面臨的災難何曾少於動物受到的威脅，多少都會準備一些後路以備不時之需，可是經常有人算不如天算的時候，所幸社會的互助體系可以在自助不足時幫上一些忙。人所面臨的問題絕大部份和金錢有關，有錢就可以解決困難，因此跟銀行借錢來度過難關最為常見。借錢得有抵押品，到期得歸還本金加上利息，是人人皆知的基本常識。銀行可不是你想借就借得到，他們得先評估回收的風險，如果風險過高，縱使平日交情再好，也別想借得分毫。

企業營運需要大量的金錢，因此幾乎沒有企業可以在不和銀行往來下做生意。在景氣好的時候，銀行常會主動的招攬生意，開出動人的條件，捧著大筆的錢到企業主跟前；但是在景氣不佳時，銀行收傘卻特別快，用盡方法收回借款之外，想在這個時候借錢週轉，要求的條件變多變苛了，偏偏景氣欠佳時，企業的各種經營數據多數變得更糟，借錢也就萬般的困難。

這個時候，企業如果能藉由放無薪假的方式，減少一些支付員工的薪水，就好像企業回過身來向員工籌借週轉金一般，而得以維繫企業如常的運作度過低潮等待時機的到來。員工和企業主良好而長久的關係，使如此的行為幾乎不需要特別的條件雙方就能達到共識，因為大家共處一條船上的道理無人不知。可是企業主卻屢屢忽略了這些少支付的薪水，和企業向銀行借款的性質相似，只不過借款的對象換成眾多的員工。當景氣寒冬過去春燕飛來，企業元氣恢復時，這些臨時的借款得全數還給員工，和企業在借款到期日得還款給銀行一樣，只不過員工也得找個時間，將少掉工作的日子補還給企業，雙方互不虧欠共蒙其利。

企業藉由無薪假向員工暫時挪借的營運週轉金，它的另一個性質亦仿如員工對企業的短期投資。當企業元氣恢復再度獲利時，如經營管理者心存員工對企業的急難救助之情，願意以共享分紅代替理該支付給員工們的借款利息，相信不論在任何艱難的時刻，經營管理者不再需要勞神，員工都會適時的共體時艱，**誰會笨到在同船共渡已經滲水的船上把洞鑿大呢！**同理心的運用可以讓用人變得比較容易。

60

只取八分，免得害了企業賣命的員工

投資可以賺錢，因投資而賺到許多錢的企業主，在嚐到甜頭後，心中無時不刻的想擴大投資賺取更多的財富。漫畫家經常在人的雙眼位置畫上兩個金錢的符號來代表商人，似乎做生意的人一切往錢看的刻板印象已深植人心。當企業主把賺到的錢全數投入企業還不能滿足需求時，股票公開上市自資本市場募集更多的資金，幾乎是所有企業主的終極目標。可以運用的資金越來越多，企業愈做愈大，僱用來為企業主工作幫忙賺錢的員工隨之增多，當經營者因不斷的成功越來越自信時，漸漸的失去擴增企業規模時應有的謹慎，也同時種下往後帶來麻煩的因子，舉世知名的大公司發生經營的問題均始於此，只得以縮減業務和規模來力挽狂瀾。

企業規模的大小無不以營業額和員工人數為衡量的指標，縮減業務和規模其實真正的意思就是裁減員工的人數。對企業主來說規模的縮小會降低他財富增加的速度，嚴重時既有的財富跟著縮水，雖然心中多有不捨甚或心痛，但幾乎甚至完全不會影響到企業主的生計，然而因此而被裁減的員工，卻可能一夕間少了固定的收入而斷了生計。兩者在財富損失的數額上難以相比，結果卻恰恰相反，財富損失大者生活無虞依然豪奢，財富損失小者經常是惶惶不可終日，還可能毀了一個原本美滿的家庭。

企業主如果知道他個人的貪財和過份樂觀，可能帶給千萬個家庭的無助和痛苦，任何擴張的決策就不能再那麼自信而疏於思慮；**當主管提出增加人手的要求時，保守以對是為上策**，不能以理所當然為思考之主軸；企業的產能設置如果以滿足客戶最大的需求為標準，那麼客戶抽單或誤判時，經營管理者的麻煩立即接踵而至；人力的佈置如果完全符合工作量的需求，那麼持續的不景氣，就一定會以裁員收場；企業非但未替社會帶來福祉，反而間接的成為社會不安的肇因者。

八分滿的哲學，可以讓企業主不至於過份受制於客戶的低價需索，共體時艱的無薪假可以避免斷了員工生計的裁員，絕對謹慎的投資策略，或許減損了一些表面上的風光，但是氣長而穩當，何者為佳？自在不言中。

要商管02　PI0030

六十個人事管理黃金守則

──教你向上掌握主管心意、向下凝聚部屬向心力

作　　者　施耀祖
責任編輯　劉　璞
圖文排版　詹凱倫
封面設計　陳怡捷

出版策劃　要有光
製作發行　秀威資訊科技股份有限公司
114 台北市內湖區瑞光路76巷65號1樓
電話：+886-2-2796-3638　傳真：+886-2-2796-1377
服務信箱：service@showwe.com.tw
http://www.showwe.com.tw
郵政劃撥　19563868　戶名：秀威資訊科技股份有限公司
展售門市　國家書店【松江門市】
104 台北市中山區松江路209號1樓
電話：+886-2-2518-0207　傳真：+886-2-2518-0778
網路訂購　秀威網路書店：http://www.bodbooks.com.tw
國家網路書店：http://www.govbooks.com.tw
法律顧問　毛國樑　律師
總 經 銷　易可數位行銷股份有限公司
地址：231新北市新店區寶橋路235巷6弄3號5樓
電話：+886-2-8911-0825　傳真：+886-2-8911-0801
e-mail：book-info@ecorebooks.com
易可部落格：http://ecorebooks.pixnet.net/blog

出版日期　2013年11月　BOD一版
定　　價　230元

Printed in Taiwan

國家圖書館出版品預行編目

六十個人事管理黃金守則：教你向上掌握主管心意、向下凝聚部屬向心力 / 施耀祖著. -- 一版. -- 臺北市：要有光, 2013. 11

面； 公分. -- (要商管；2)

BOD版

ISBN 978-986-89954-4-4 (平裝)

1. 人事管理

494.3 102019440

讀者回函卡

感謝您購買本書，為提升服務品質，請填妥以下資料，將讀者回函卡直接寄回或傳真本公司，收到您的寶貴意見後，我們會收藏記錄及檢討，謝謝！

如您需要了解本公司最新出版書目、購書優惠或企劃活動，歡迎您上網查詢或下載相關資料：http:// www.showwe.com.tw

您購買的書名：______________________________

出生日期：_______年_______月_______日

學歷：□高中（含）以下　□大專　□研究所（含）以上

職業：□製造業　□金融業　□資訊業　□軍警　□傳播業　□自由業

□服務業　□公務員　□教職　□學生　□家管　□其它_____

購書地點：□網路書店　□實體書店　□書展　□郵購　□贈閱　□其他

您從何得知本書的消息？

□網路書店　□實體書店　□網路搜尋　□電子報　□書訊　□雜誌

□傳播媒體　□親友推薦　□網站推薦　□部落格　□其他__________

您對本書的評價：（請填代號　1.非常滿意　2.滿意　3.尚可　4.再改進）

封面設計____　版面編排____　內容____　文／譯筆____　價格____

讀完書後您覺得：

□很有收穫　□有收穫　□收穫不多　□沒收穫

對我們的建議：______________________________

____

____

____

請貼
郵票

11466
台北市内湖區瑞光路 76 巷 65 號 1 樓

秀威資訊科技股份有限公司　　收

BOD 數位出版事業部

（請沿線對折寄回，謝謝！）

姓　　名：＿＿＿＿＿＿＿＿　年齡：＿＿＿＿　性別：□女　□男

郵遞區號：□□□□□

地　　址：＿＿＿＿＿＿＿＿＿＿＿＿＿＿＿＿

聯絡電話：(日) ＿＿＿＿＿＿＿＿ (夜) ＿＿＿＿＿＿＿＿

E-mail：＿＿＿＿＿＿＿＿＿＿＿＿＿＿＿＿